变电设备技术监督
典型案例汇编

邱欣杰　主编

中国电力出版社
CHINA ELECTRIC POWER PRESS

内 容 提 要

为了进一步加强技术监督工作培训、交流，提升技术监督工作水平，国网安徽省电力有限公司组织编写了《变电设备技术监督典型案例汇编》一书。本书共分 9 章，对变压器（电抗器）、断路器、隔离开关、组合电器、高压开关柜、电流互感器、电压互感器、避雷器等变电设备技术监督过程中积累的典型案例进行了分析，内容包括监督依据、案例简介、案例分析以及监督意见等。

本书可供变电设备技术监督工作人员学习使用，也可供相关管理人员阅读参考。

图书在版编目（CIP）数据

变电设备技术监督典型案例汇编 / 邱欣杰主编. —北京：中国电力出版社，2019.4
ISBN 978-7-5198-3024-3

Ⅰ. ①变… Ⅱ. ①邱… Ⅲ. ①变电所–电气设备–技术监督–案例–汇编–安徽 Ⅳ. ①TM63

中国版本图书馆 CIP 数据核字（2019）第 057538 号

出版发行：中国电力出版社
地　　址：北京市东城区北京站西街 19 号（邮政编码 100005）
网　　址：http://www.cepp.sgcc.com.cn
责任编辑：肖　敏（010-63412363）
责任校对：王小鹏
装帧设计：郝晓燕
责任印制：石　雷

印　　刷：三河市万龙印装有限公司
版　　次：2019 年 4 月第一版
印　　次：2019 年 4 月北京第一次印刷
开　　本：787 毫米×1092 毫米　16 开本
印　　张：15
字　　数：365 千字
印　　数：0001—1500 册
定　　价：90.00 元

《变电设备技术监督典型案例汇编》编委会

前　言

随着我国电网规模的不断扩大，经济社会发展对电力供应可靠性和质量的要求不断提升，保障电网设备安全稳定运行意义重大。变电设备技术监督是电力企业的基础和核心工作之一，其工作质量、水平和力度需要持续加强。而部分变电设备技术监督从业人员，往往受从业时间、经历和水平等客观原因制约，在开展技术监督工作时不能充分履行监督职责，不能全面、准确地发现问题，影响技术监督工作的权威性，甚至出现监督失误。目前，电力技术监督方面的图书资料相对较少，尤其是贴近电力技术监督工作一线的图书资料相对匮乏。

为了进一步加强技术监督工作培训、交流，提升技术监督工作水平，国网安徽省电力有限公司结合近年来技术监督的经验，搜集整理了大量各类变电设备技术监督典型案例，并深入分析这些案例，组织编写了《变电设备技术监督典型案例汇编》一书。本书共分9章，对变压器（电抗器）、断路器、隔离开关、组合电器、高压开关柜、电流互感器、电压互感器、避雷器等变电设备技术监督过程中积累的典型案例进行了分析，内容包括监督依据、案例简介、案例分析以及监督意见等。本书可供电力设备技术监督工作人员学习使用，也可供相关管理人员阅读参考。

本书在编写过程中，得到了不少业界专家的指导和帮助，在此一并致谢。

由于作者经验能力有限，书中难免有疏漏、不足之处，敬请各位读者批评指正！

编　者

2018年12月

目 录

第1章　变压器（电抗器）

案例1 500kV变压器低压侧套管桩头接线施工工艺不良导致套管桩头接线板发热

监督专业：电气设备性能　　监督手段：例行试验
监督阶段：运维检修　　问题来源：设备安装

1 监督依据

DL/T 664—2016《带电设备红外诊断应用规范》第 9.1 条规定，电流致热型设备缺陷诊断判据见附录 H。而附录 H 规定，金属部件与金属部件的连接中接头和线夹处，90℃ ≤热点温度≤130℃或 δ≥80%但热点温度未达紧急缺陷温度值时为严重缺陷。

2 案例简介

2015 年 9 月 8 日，运维人员对某 500kV 变电站进行红外检测，发现 3 号主变压器低压侧 A 相（型号 AODCTN267000/500/220－Y1）套管桩头接线板发热至 74.4℃（见图 1），C 相发热至 84.1℃（见图 2），B 相 36.2℃，环境温度 24.4℃，最大相对温差 80.2%，电流为 3173A。依据 DL/T 664—2016《带电设备红外诊断应用规范》，判定为 A、C 相严重缺陷，需要尽快处理。

图 1　3 号主变压器低压侧 A 相套管桩头红外测温情况

3 案例分析

9 月 16 日，对 500kV 3 号主变压器停电检修，现场检查分析认为，存在两方面原因：

（1）接线板凹陷和不平整。发热的 3 号主变压器 A 相 35kV 套管桩头接线板出线存在大量凹陷、不平整，如图 3 和图 4 所示。分析认为，安装中重物敲击造成接线板凹陷和不平整，导致接线板接触不良，从而引起接触面局部区域电流密度过大，出现发热缺陷。

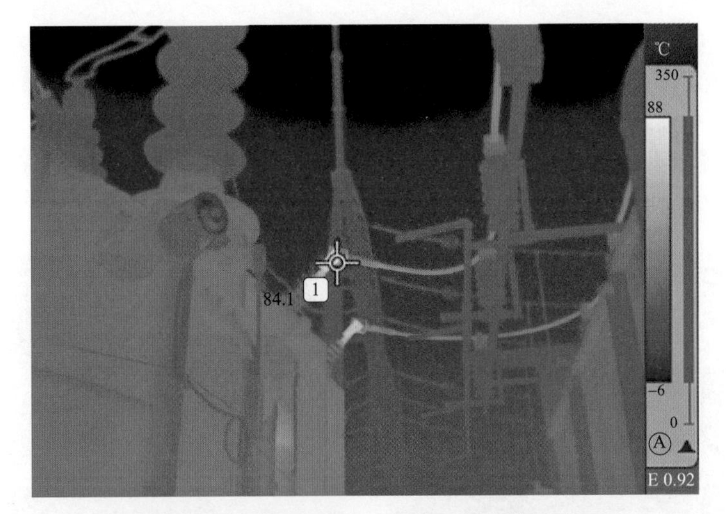

图 2　3 号主变压器 C 相低压侧套管桩头

(a)　(b)

图 3　3 号主变压器低压侧 A 相套管接线板氧化及凹陷情况

（a）氧化；（b）凹陷

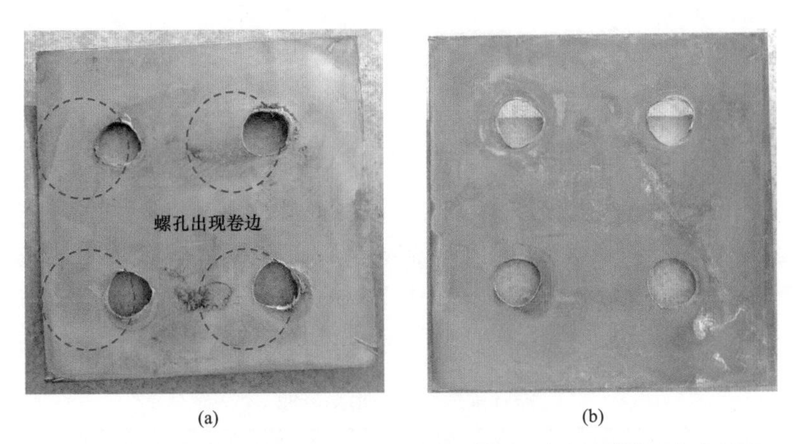

(a)　(b)

图 4　3 号主变压器低压侧 A 相套管接线板铜铝过渡板卷边及氧化情况

（a）卷边；（b）氧化

（2）导电膏涂覆不均匀/过量。C 相桩头接线板不平整，并且接线板螺孔边沿翘起变形，整个铜铝过渡板涂有大量导电膏。分析认为，由于接线板不平整，导电膏涂抹不均匀，在运行过程中，导电膏出现干垢，且其接线板两个接触面发生部分氧化，污垢较多，使其与两侧接线板的接触面积大大减小，导致发热。3 号主变压器 C 相低压侧套管接线板导电膏涂抹不均匀及氧化如图 5 所示。

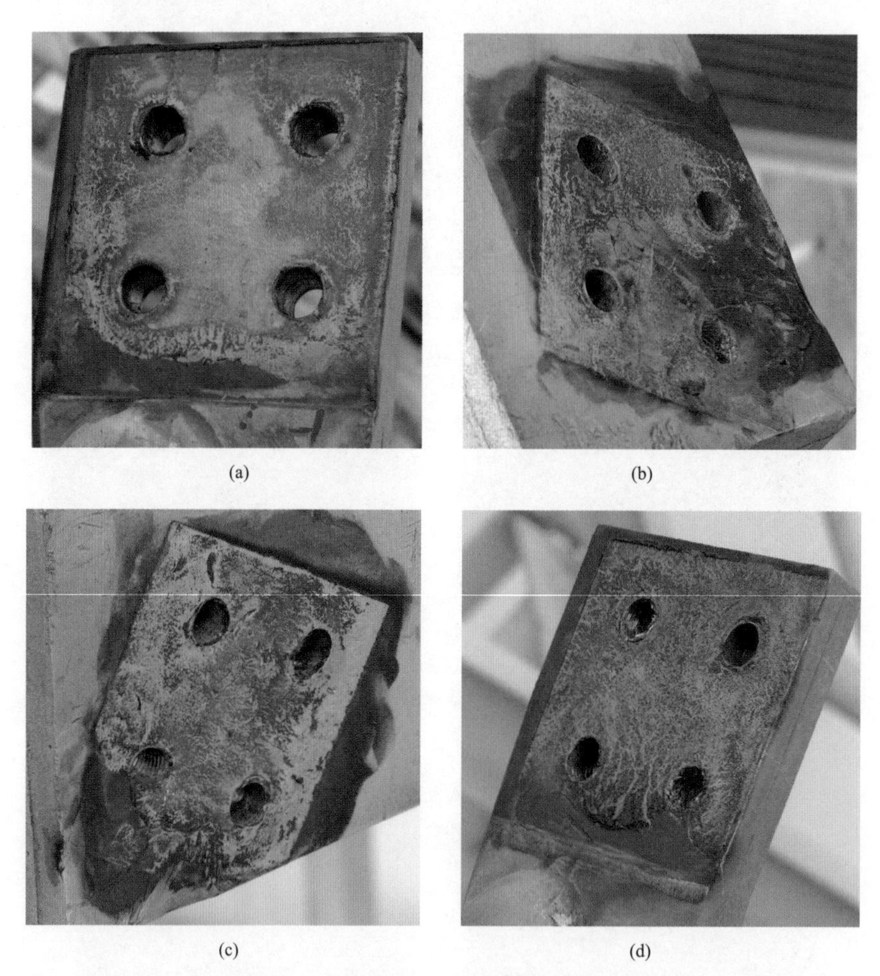

(a) (b) (c) (d)

图5　3 号主变压器 C 相低压侧套管接线板导电膏涂抹不均匀及氧化

（a）边沿翘起；（b）涂抹不均匀；（c）严重氧化；（d）轻度氧化

缺陷处理：拆开发热接线板后，擦去导电膏，用砂纸打磨各接触面至平整，压平接线板各螺孔翘起部分，磨平螺孔边沿，用酒精对各接触面进行清洗处理后，复原整个接线板，并用力矩扳手将螺栓紧固。同时进行回路电阻测试检查，接触电阻明显降低，处理前后对比如表 1 所示。

表 1　消缺前后回路电阻测试值　（μΩ）

相别	处理前	处理后
A	125.40	34.01
C	129.77	35.37

9 月 16 日 17 时，消缺完毕送电后，采用红外测温仪复测缺陷部位，测温结果正常，缺陷消除。

4　监督意见

（1）套管安装时，施工人员必须执行安装工艺要求具体要求，接触面打磨平整，导电膏涂覆均匀，验收时确保涂覆均匀。

（2）安装完毕后及时检测接头直流电阻，确保套管接头接触良好。

（3）在运维检修过程中，应严格按照规定开展变压器红外测温，尤其应关注套管接头发热情况，连接部位温度与其他相似部位温度相差 3K 时，应进行缺陷排查。

案例2 500kV变压器储油柜胶囊破损导致油位异常

监督专业：电气设备性能　　监督手段：验收检查

监督阶段：设备验收　　问题来源：设备安装

1 监督依据

GB 50148—2010《电气装置安装工程电力变压器、油浸电抗器、互感器施工及验收规范》第4.12.17条规定，储油柜和充油套管的油位应正常。

2 案例简介

2016年9月22日，某供电公司检修人员在某500kV变电站1号主变压器（型号ODFS－33400/500）验收过程中发现主变压器C相油位异常，遂与施工单位沟通对三相主变压器进行排气和油位复核，发现C相储油柜胶囊始终无法正常鼓起，排气口处始终看不到和触摸不到胶囊，并且排气声音异常。9月23日厂家技术人员进入储油柜检查胶囊，发现C相储油柜胶囊挂钩处有破损。9月24日厂方在检修验收人员监督下更换了储油柜胶囊，胶囊安装完毕，C相储油柜可以排气，油位恢复正常。

3 案例分析

3.1 现场检查

9月22日，在某500kV变电站1号主变压器验收过程中检修人员发现1号主变压器三相油位不一致，C相油位明显比A、B相高。当时环境温度为25℃时，根据油温油位曲线，油位指示应为3.5～4，而现场油位表指示：A、B相油位指示在合格范围，C相油位指示为4.2，数值偏高（见表1）。

表1　现场油位表读数

相别	A相	B相	C相
油位计	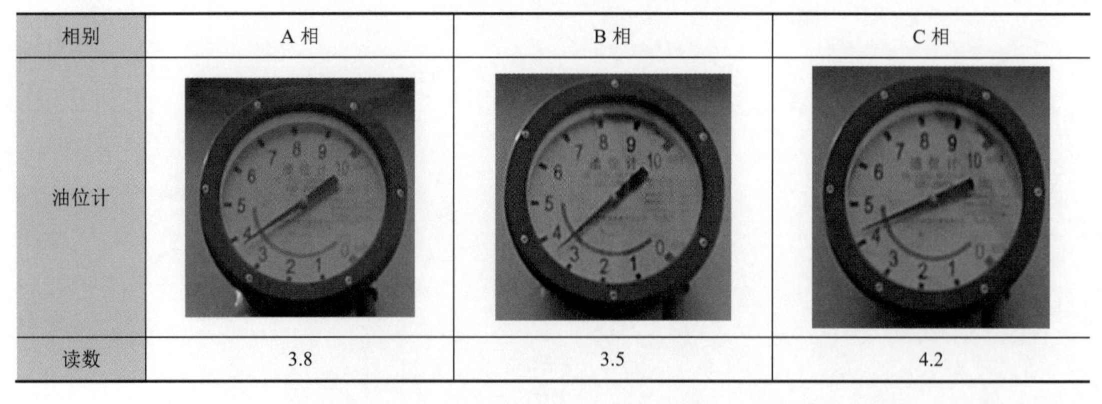		
读数	3.8	3.5	4.2

由于C相油位异常，现场检修人员遂与施工单位沟通对三相主变压器进行排气和油位复核。首先拆卸主变压器呼吸器，通过呼吸器口对储油柜胶囊充氮气，使储油柜胶囊膨胀

鼓起进而对储油柜进行排气，最后对三相储油柜油位通过联通器法进行测量。

在对 A、B 相进行充氮排气时，A、B 相胶囊均能鼓起至储油柜顶部排气口处，并顺利将储油柜内气体排出。但按照同样方法，C 相胶囊始终无法正常鼓起，排气口处始终看不到和触摸不到胶囊，并且排气声异常。

经主变压器厂家现场确认，主变压器呼吸器口冲氮处无气体泄漏，C 相储油柜顶部联通管为关闭状态，充氮方法正确无误，异常原因为储油柜胶囊破损（见图 1）。

图 1　C 相储油柜胶囊破损处

23 日，厂家技术人员进入储油柜检查胶囊，发现 C 相储油柜胶囊挂钩处有破损。24 日，更换胶囊后，C 相储油柜可以排气，油位恢复正常。

3.2　原因分析

经过分析，本次储油柜胶囊破损可能原因如下：

（1）胶囊随本体变压器油呼吸时多次上下运动，被储油柜胶囊挂钩（见图 2）尖角损坏。在更换已损坏的胶囊时，发现在储油柜胶囊挂钩存在尖端棱角，当本体油温变化时，变压器油热胀冷缩，胶囊随着油面上下呼吸，有可能刚好撞在挂钩的尖端上。由于该变电站所在地区昼夜温度变化快，胶囊随本体变压器油呼吸上下运动的次数，在多次和尖端物碰撞后，有可能使胶囊破损。

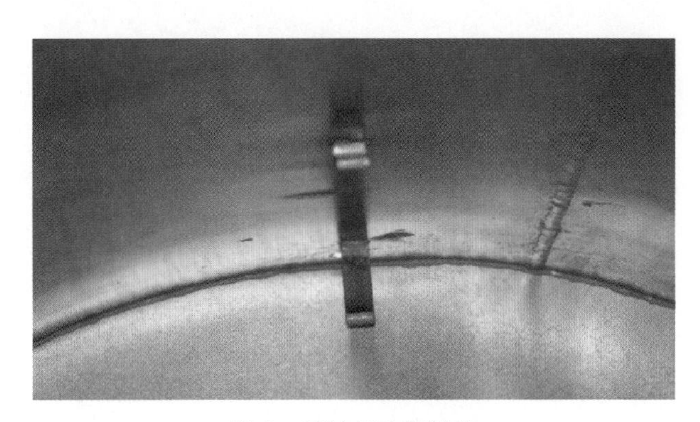

图 2　储油柜内部挂钩

（2）储油柜胶囊挂钩位置设计存在缺陷。储油柜胶囊挂钩设计安装于储油柜的顶部，在胶囊随本体变压器油呼吸上下运动过程中，胶囊和挂钩连接处（见图 3）受力不均。长此以往，储油柜胶囊容易发生磨损，最后导致胶囊破损。

（3）胶囊的制造材料和工艺问题。即胶囊的制造材料和工艺达不到要求，耐油性和耐高温性能较差，在变压器油的浸泡和应力作用下，发生老化和内部龟裂，最后发展为破损缺陷。

（4）安装前已破损。该主变压器胶囊是在变压器厂内完成组装，连同储油柜一同运输入厂家。在现场并未对胶囊进行单独检查，存在安装前已破损的可能性。

图3　胶囊与挂钩连接处

4　监督意见

（1）对于胶囊随储油柜柜体一同运输的储油柜，到货验收时应进行胶囊密封性能检查，确保胶囊完好无损。

（2）在新变压器注油过程中，应按照产品技术文件要求的顺序进行注油、排气及油位计加油，合理调整变压器油位。

（3）运行过程中应加强变压器油位巡视，并做好记录。

案例 3　220kV 变压器密封不严导致氮气泄漏

监督专业：电气设备性能　　监督手段：到货验收

监督阶段：设备验收　　问题来源：运输存储

1　监督依据

GB 50148—2010《电气装置安装工程　电力变压器、油浸电抗器、互感器施工及验收规范》第 4.1.7 条规定，冲干燥气体运输的变压器、电抗器油箱内的气体压力应保持在 0.01～0.03MPa；干燥气体露点必须保持在 – 40℃；每台变压器、电抗器必须配有可以随时补气的纯净、干燥气体瓶，始终保持变压器、电抗器内为正压力，并设有压力表进行监视。

2　案例简介

2014 年 8 月 8 日，某 220kV 变电站基建变压器（型号 OSSZ11 – 240000/220）附件到货安装前，供电公司工地代表发现器身内无氮气，油箱内氮气压力非正压。由于运输原因导致氮气泄漏，使变压器器身失去氮气保护，可能导致变压器主绝缘受潮。随即，变压器返厂重新烘干，于 9 月 26 日两台主变压器重新运输至现场。

3　案例分析

3.1　现场检修

2014 年 8 月 8 日，供电公司公司工地代表发现器身内无氮气时，氮气压力表计损坏，拆卸盖板检查发现无氮气逸出，判断油箱内氮气压力非正压。进一步发现两只显示氮气压力的压力表损坏［常压下压力表不归零，有压力显示（见图 1 和图 2）；无校验标签、铅封］。两台变压器器身失去氮气保护，可能直接导致变压器主绝缘受潮。8 月 21 日变压器厂服从甲方意见，返厂重新烘干；8 月 26 日变压器运输到变压器厂，8 月 27 日甲方技术监督人员

图 1　氮气阀门开启前表记指示

图 2　氮气表记损坏指示（应为零）

到厂参加变压器解体，到位监督变压器入烘房，并与变压器厂技术人员就变压器返厂关键节点进行讨论。9月9～12日到厂监造变压器试验。二次入烘房出炉时现场人员发现器身有少量出水，约 20kg（第一次入烘房约 120kg）。变压器出厂试验为一次合格通过。9 月 26 日两台主变压器运输至现场。

3.2 原因分析

（1）变压器厂家对运输过程管控不力。变压器运输过程中颠簸使压力表损坏，套管导电杆歪斜导致氮气泄漏。

（2）变压器厂违反 GB 50148—2010《电气装置安装工程　电力变压器、油浸电抗器、互感器施工及验收规范》中第 4.1.7 条款规定。

变压器厂未能够提供对变压器运输的全过程进行详细的记录资料及变压器充氮气出厂检验至现场检查的资料。该厂虽然事后提供了充氮压力表校验，但压力表无铅封，管理不规范。

（3）两变压器接地套管固定螺栓有不同程度的松动及变形，导致油箱漏气。供电公司方认为与运输路径未按照原运输公司报备路径运输有关，原路径多为高速公路，而变更后为省级公路，路边杨树较多，在套管未进行任何保护的情况下，很容易发生套管螺栓变形。

（4）运输车辆为平板车，而不是运输变压器专业平板车。

4 监督意见

对于充干燥气体运输的变压器、电抗器，现场到货验收时应办理交接签证并移交压力监视记录，油箱内压力应为 0.01～0.03MPa，当压力不满足要求时需查明原因。

案例 4　220kV 变压器充氮灭火装置快速排油管道阀垫老化断裂导致变压器渗漏油

监督专业：电气设备性能　　监督手段：带电检测
监督阶段：设备运行　　问题来源：设备老化

1　监督依据

Q/GDW 1168—2013《输变电设备状态检修试验规程》第 5.1.1.3 条规定，检测变压器箱体、储油柜、套管、引线接头及电缆等，红外热像图显示应无异常温升、温差和相对温差。

2　案例简介

2014 年 11 月 4 日，电气试验人员在对某 220kV 变电站红外测温时发现 1 号主变压器（型号 OSSZ－180000/220）储油柜油位异常，红外图像反映油位已接近储油柜下部，分析判断可能是由变压器渗漏油所致，该变压器存在运行隐患。运检部立即安排专业班组处理，检查发现 1 号主变压器充氮灭火装置中快速排油管道阀垫已经老化断裂，出现内渗漏，导致储油柜油位降低。在更换快速排油管道阀垫和储油柜补油后，试验人员红外跟踪复测储油柜油位正常，变压器渗漏油缺陷消除。快速排油管道阀垫老化断裂如图 1 所示。

图 1　快速排油管道阀垫老化断裂

3　案例分析

3.1　现场试验

2014 年 11 月 4 日，电气试验人员在某 220kV 变电站红外测温时发现 1 号主变压器储油柜油位异常，红外图像反映油位已接近储油柜下部。储油柜油位异常红外图像如图 2 所示，分接开关小储油柜红外图像如图 3 所示。

依据 Q/GDW 1168—2013《输变电设备状态检修试验规程》标准，检测变压器箱体、储油柜、套管、引线接头及电缆等，红外热像图显示应无异常温升、温差和相对温差。通过图 2 可发现储油柜中下部有一明显温差线横贯储油柜，且温差线上、下平均温度相差约 4.2℃。图 3 中左侧框内部分为变压器分接开关小储油柜，此处温度分布均匀，仅在储油柜

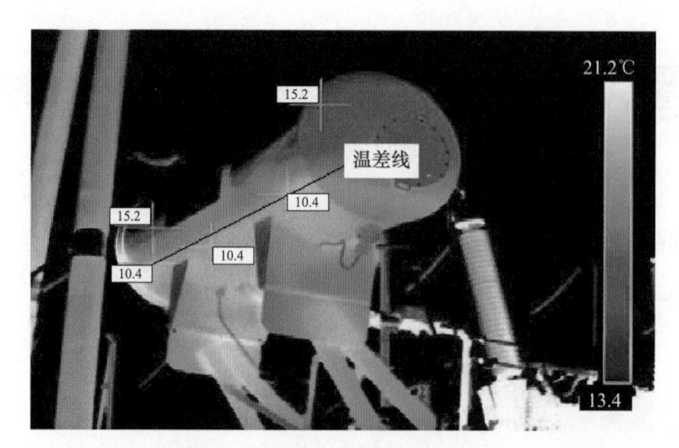

图 2　储油柜油位异常红外图像

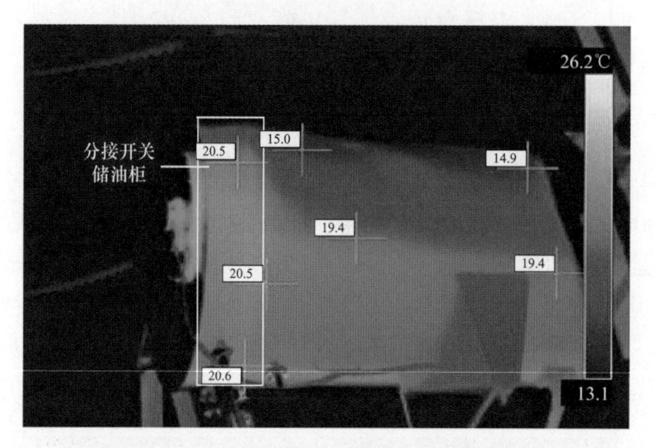

图 3　分接开关小储油柜红外图像

顶部有一温差线。温差的形成是由于油、气导热系数的不同，油的导热系数 0.118 6 大于空气导热系数 0.027，而且两者的热容量和吸热性能也不相同，导致油形成的温度分布场温度高于空气形成的温度分布场温度，必然会在油、气交接面处形成一个较大的温度梯度，从而使得储油柜内部在实际油位面处形成一个有明显温度突变的热像特征。

观察储油柜油位计，油位指示也偏低，此时变压器上层油温为 38℃，对照储油柜油温一油位关系曲线图（见图 4），正常油位指示应在四个半刻度左右，而此时油位只是在三刻度左右（见图 5）。

图 4　油温一油位关系曲线图

图 5　储油柜油位计

综合以上分析判断，储油柜油位确已下降。

先检查 1 号主变压器本体、散热器、套管升高座及各连接管道、蝶阀，均无渗漏现象。由于该变压器配置充氮灭火装置，装置有一快速排油管道与变压器本体相连，检查快速排油管道，发现阀垫已经老化断裂，出现内渗漏。更换快速排油管道阀垫和储油柜补油后，试验人员红外跟踪复测储油柜油位正常，变压器渗漏油缺陷消除。

3.2 原因分析

储油柜油位下降最直接的原因是变压器渗漏油使油量减少，首先查看变压器本体及附件是否有渗漏油现象，经过检查，主变压器本体、散热器、套管升高座及各连接管道、蝶阀均无渗漏现象。

由于变压器配置充氮灭火装置，装置有一快速排油管道与变压器本体相连。变压器配置充氮灭火装置示意图如图 6 所示。

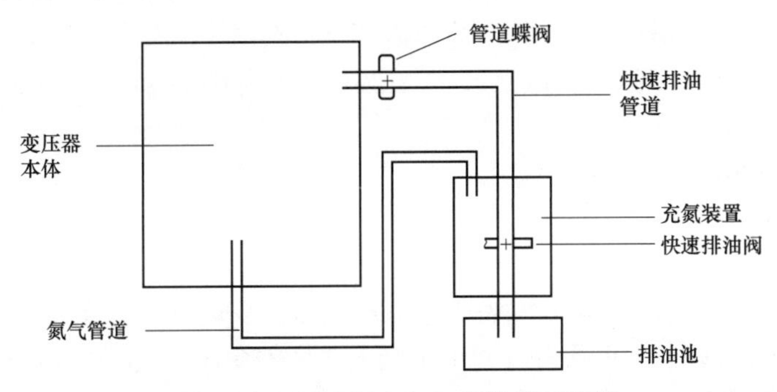

图 6　变压器配置充氮灭火装置示意图

进一步检查充氮灭火装置，排油管道及快速排油阀外观均无渗油痕迹，打开观察孔发现快速排油阀下部管道内壁有渗漏油迹，排油池内底部也发现有少许存油。基于以上情况，可知变压器储油柜油位下降是由充氮灭火装置快速排油阀阀垫老化断裂，变压器本体油内渗漏造成的。

4 监督意见

变压器运行过程中应加强组部件巡视，对于充氮灭火装置应周期性进行维护。日常加强变压器油位巡视和记录，当变压器本体油位异常但又未发现明显渗漏点时，应加强充氮灭火装置、油色谱在线监测装置检查，并结合红外测温判断变压器实际油位。

案例 5 220kV 变压器 110kV 侧套管柱头施工不良导致套管顶部渗漏油

监督专业：电气设备性能　　监督手段：检测巡视
监督阶段：运维检修　　问题来源：安装施工

1 监督依据

Q/GDW 1168—2013《输变电设备状态检修试验规程》第 5.1.1.1 条规定，油浸式电力变压器和电抗器巡检及例行试验项目：油中溶解气体分析。

（1）乙炔≤1μL/L（330kV 及以上）、≤5μL/L（其他）（注意值）；

（2）氢气≤150μL/L（注意值）；

（3）总烃≤150μL/L（注意值）。

2 案例简介

2014 年 11 月 4 日，运维人员巡视中发现某 220kV 变电站 2 号主变压器 110kV 侧 A 相套管顶部存在严重渗漏油现象（见图 1）。由于当天 2 号主变压器（型号 OSSZ11－180000/220）在检修状态（配合基建扩建 35kV 开关柜施工），运维检修部及时安排检修人员进行现场检查，发现 110kV 侧 A 相套管顶部用于固定绕组引线的半月板卡板松动，有放电痕迹，套管顶部密封件过热变形、渗漏油。油化验发现总烃超标（338.99μL/L），乙炔含量（3.52μL/L），总烃含量超过注意值（150μL/L）。

更换半月板、密封圈后，缺陷得以消除。

图 1　110kV 侧 A 相套管顶部渗漏油

3　案例分析

3.1　检查试验

检修人员现场检查，发现 110kV 侧 A 相套管顶部用于固定绕组引线的半月板卡板松动，有放电痕迹（见图 2），套管顶部密封件过热变形、渗油。更换半月板、密封圈后，渗油缺陷得以消除。

图 2　半月板有放电现象

12 月 18 日，在对该台主变压器进行油务试验时，发现总烃超标（338.99μL/L），油中出现乙炔含量（3.52μL/L），总烃含量超过注意值（150μL/L）。当天夜里，运维检修部及时安排人员对该台主变压器进行精确测温和夹件、铁芯接地电流测试工作，未发现设备存在异常情况，初步怀疑是上述 110kV 侧 A 相套管顶部发热所造成，不属于变压器本体内部故障所引起。

为了进一步判断总烃超标原因，运维检修部组织人员每天进行一次油色谱试验，在 220kV 2 号主变压器安装一套油色谱在线监测装置，经过 10 多天油色谱跟踪监测，油中总烃和乙炔未发现有明显增长趋势。离线油色谱监测数据及趋势图如图 3 所示，在线油色谱监测数据及趋势图如图 4 所示。

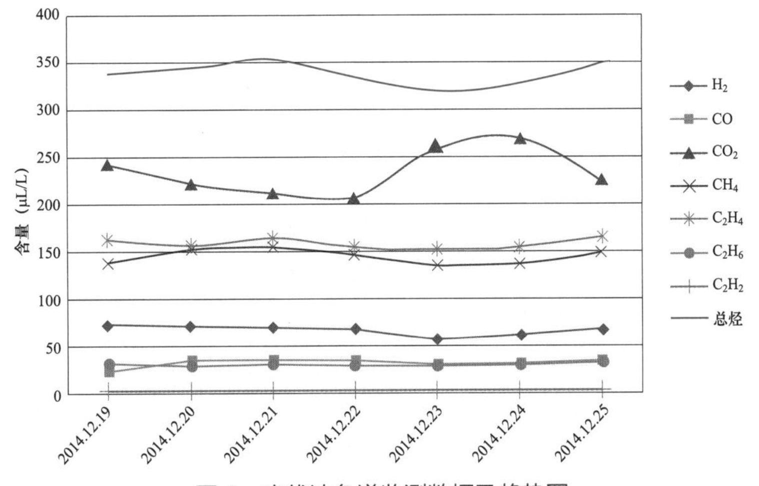

图 3　离线油色谱监测数据及趋势图

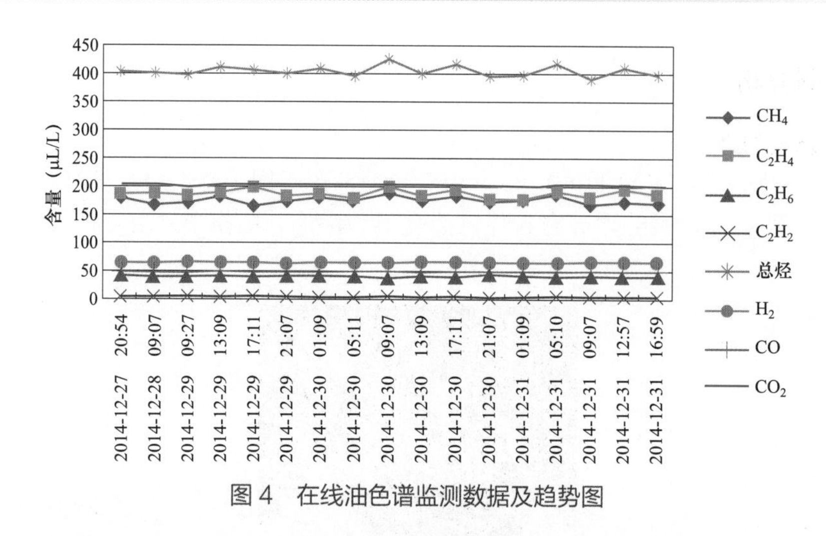

图 4　在线油色谱监测数据及趋势图

根据上述数据分析，初步判定此次总烃含量超标是由 2014 年 11 月 4 日 110kV 侧 A 相套管顶部过热所造成的，油中出现少量乙炔是由于高温过程中析出少量乙炔，不属于放电性故障所产生的乙炔。遂于 2015 年 1 月 4 日对该 220kV 2 号主变压器油进行脱气处理，处理后，油色谱正常。

3.2　原因分析

综合该 220kV 侧 2 号主变压器渗油及总烃异常消缺过程，分析认为，造成该主变压器渗油及总烃异常缺陷的原因为：施工单位在安装 110kV 侧 A 相套管顶部用于固定绕组引线的半月板卡板时，未按标准工艺施工，紧固不到位，造成套管顶部连接部位在运行过程中过热放电、密封件变形而渗油；A 相套管顶部过热放电过程中，绝缘油分解产生少量乙炔、总烃，半月板处的油通过套管的中心导管与变压器本体相通。造成变压器油中总烃超标、存在乙炔。更换半月板、密封圈后，渗油缺陷得以消除，对 220kV 2 号主变压器油进行脱气处理，处理后油色谱正常。

4　监督意见

（1）套管安装时，施工人员必须严格遵守检修工艺质量控制“十步法”。检测安装后的接头直流电阻应小于控制值，如不符合要求，必须拆除接头，重复“十步法”步骤。

（2）油纸电容套管在最低环境温度下不应出现负压。运行人员正常巡视应检查记录套管油位情况，注意保持套管油位正常。套管渗漏油时，尤其是套管顶部渗漏油，应及时处理，防止内部受潮、放电损坏。

案例 6　220kV 变压器高压引线安装工艺不规范导致局部放电试验不合格

监督专业：电气设备性能　　监督手段：验收试验
监督阶段：设备验收　　问题来源：设备安装

1　监督依据

《国家电网公司十八项电网重大反事故措施（修订版）》第 9.2.2.7 条规定，现场局部放电试验验收，应在所有额定运行液压泵（如有）启动及工厂试验电压和时间下，220kV 及以上变压器放电量不大于 100pC。

2　案例简介

2012 年 10 月 30 日，试验人员在某 220kV 变电站扩建工程 220kV 1 号主变压器（型号 SSZ－K－180000/220）局部放电试验见证时，发现高压侧 C 相套管视在放电量达到 370pC，中压侧套管视在放电量达到 1600pC，违反《国家电网公司十八项电网重大反事故措施（修订版）》第 9.2.2.7 条“不大于 100pC”的要求。供电公司紧急联系变压器生产厂家，11 月 1 日，变压器生产厂家技术人员到达现场后，拆除变压器中压 C 相套管及升高座后发现高压引线上部绝缘纸脱落，根部绝缘纸松动。对引线进行重新包扎处理后，再次进行局部放电试验，结果正常。

3　案例分析

3.1　现场试验

2012 年 10 月 30 日，某 220kV 变电站扩建工程主变压器局部放电试验，A、B 相局部放电量正常，C 相起始电压达 75%U_m（额定电压）时，高压侧视在放电量达到 370pC，中压侧视在放电量达到 1600pC；C 相套管起始电压达到 1.3U_m 时，高压侧视在放电量达到 370pC，中压侧视在放电量达到 1600～1900pC。不符合《国家电网公司十八项电网重大反事故措施（修订版）》第 9.2.2.7 条“现场局部放电试验验收，应在所有额定运行液压泵（如有）启动以及工厂试验电压和时间下，220kV 及以上变压器放电量不大于 100pC”的要求。

2012 年 11 月 1 日，变压器生产厂家技术人员到达现场后，再次对 1 号主变压器进行局部放电试验，发现 C 相套管局部放电量依然偏大（见表 1）。C 相套管起始电压达到 75%U_m 时，高压侧视在放电量达到 350pC，中压侧视在放电量达到 1500pC；C 相套管起始电压达到 1.3U_m 时，高压侧视在放电量达到 350pC，中压侧视在放电量达到 1500pC；C 相套管起始电压达到 1.5U_m 时，高压侧视在放电量达到 350pC，中压侧视在放电量达到 1500pC。依据《国家电网公司十八项电网重大反事故措施（修订版）》规定，1 号主变压器局部放电试验不合格。

表1　　1号主变压器C相套管局部放电试验数据

额定电压	高压侧放电量（pC）	中压侧放电量（pC）	规程规定放电量（pC）
$0.75U_m$	350	1500	
$1.3U_m$	350	1500	≤300
$1.5U_m$	350	1500	≤500

查阅变压器出厂试验报告及出厂试验见证时试验数值，该主变压器出厂试验局部放电试验合格。又查阅变压器运输过程中冲撞记录仪记录数据，未发生超标准震动，且在主变压器安装试验前后多次取本体及套管油进行色谱分析均无异常，故判断可能在安装过程中未严格按照标准工艺施工造成。

吊芯检查中压侧C相套管，拆除中压C相套管及升高座后，发现高压引线上部绝缘纸脱落，根部绝缘纸松动，如图1和图2所示。

(a)

(b)

图1　中压侧高压引线上部绝缘纸脱落

（a）远处观察脱落；（b）近处检查脱落

图2　中压侧根部绝缘纸松动

重新包扎处理变压器中压侧 C 相套管高压引线及根部绝缘纸，组装 C 相中压套管后，再次对处理后的变压器进行局部放电试验，中压 C 相起始电压达到 1.3U_m时，视在放电量降到 42pC，其余各相均在 50pC 以下，无变化。试验结果符合标准规定。

3.2 原因分析

变压器中压 C 相局部放电超标是由于安装过程未严格按照标准工艺安装，将套管引线处于纠结状态被强行拉出，造成绝缘纸松脱，引线根部偏扭，引起局部放电超标。

高压侧 C 相局部放电超标疑因中压侧 C 相套管引线影响导致，中压侧 C 相套管消缺处理后，高压侧 C 相局部放电测量值合格。

变压器套管检查未见异常，且绝缘油色谱分析没有发现问题，由套管缺陷引起局部放电超标可能性较小。

4 监督意见

变压器现场组部件安装时，运维单位应加强关键点见证监督，确保变压器现场组装按照标准工艺施工。110kV 及以上变压器在新安装时应进行现场局部放电试验。

案例7 220kV变压器有载开关传动轴骨架密封圈损坏导致渗漏油

监督专业：电气设备性能　　监督手段：检修试验
监督阶段：运维检修　　问题来源：设备制造

1 监督依据

Q/GDW 1168—2013《输变电设备状态检修试验规程》第5.1.1.2 a）条规定，外观无异常，油位正常，无油渗漏。

2 案例简介

2016年6月21日，变电检修人员对某220kV变电站2号主变压器10kV侧室外母线桥绝缘缺陷进行临时处理。在进行2号主变压器10kV套管与铜管型母线软连接拆除工作时，发现有载调压开关顶盖及四周渗油严重，出现大片锈蚀及油水混合物，主变压器本体两侧局部出现泛黄油迹，如图1所示。随后供电公司专业人员在分析之后进行了伞齿轮盒及其密封件的更换，并对调压开关进行动作试验，消除了缺陷。

图1　主变压器有载调压开关顶盖及四周渗油

3 案例分析

3.1 现场处理

2016年7月12日上午9时，将220kV变电站2号主变压器转检修后，取油样进行化验分析，并进行直流电阻测试。随后进行本体放油工作，将本体油位降至有载开关外法兰下2～3cm处。

将有载开关电动到合适位置，分别打开 A、B、C 三相齿轮盒顶盖，发现故障相（A 相）齿轮盒内部已被变压器油渗满（见图 2），正常相（B、C 相）齿轮盒内部干燥（见图 4），未见变压器油（齿轮处有润滑油，为正常状态），现场情况如图 2 所示。

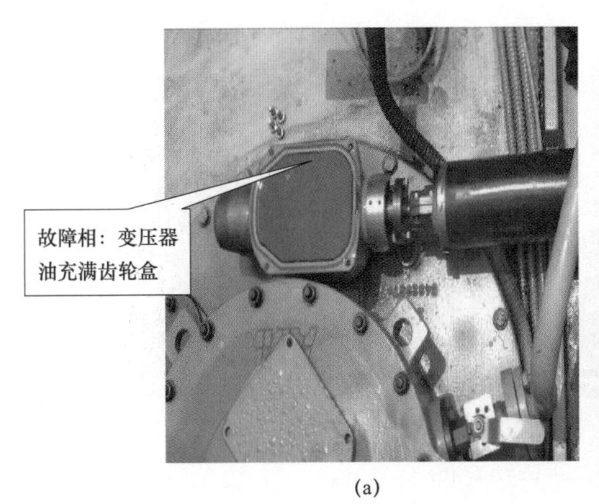

(a)

(b)

图 2　故障相与正常相齿轮盒

（a）故障相；（b）正常相

将 A 相齿轮盒内部变压器油处理完后，对三相连杆和齿轮盒分度盘之间做好标记，以防误操作。拆除齿轮盒分度盘连接螺栓，拆除齿轮盒底部螺栓，拆卸渗漏的 A 相齿轮盒，同时更换齿轮盒密封件，并进行新齿轮盒的复装工作，安装后的情况如图 3 所示。

(a)

(b)

图 3　安装后的新齿轮盒

（a）新齿轮备件；（b）安装过程

完成新齿轮盒安装后，将三相连杆接好，手摇调压开关，对连杆进行调整，对调压开关进行动作试验，确保三相同期一致。随后进行回油工作，恢复本体油位并排气。对主变压器本体及调压开关四周相应的污点进行清洗处理，对开关安装法兰部位箱盖进行腻子校平，并进行防腐处理，待静置 24 小时后，进行变压器直流电阻试验，并对油样进行复测，试化验结果正常。

3.2 原因分析

对有载调压开关顶盖四周油迹进行擦拭处理后，观察发现渗油点为有载调压开关 A 相水平传动轴，伞齿轮顶盖密封处，如图 4 所示。

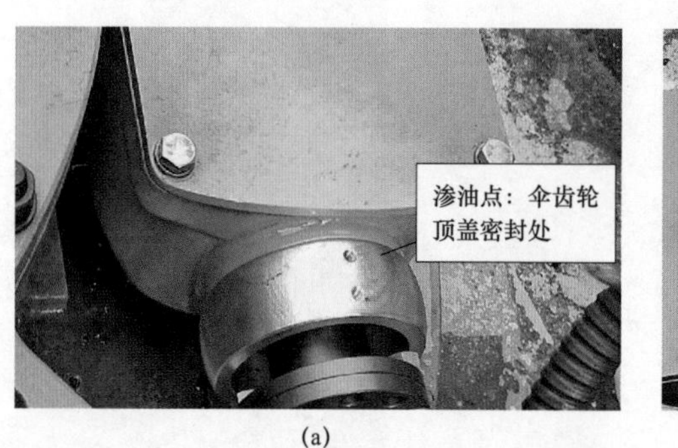

(a)

(b)

图 4　伞齿轮渗油点

（a）渗油点正面；（b）渗油点侧面

结合有载调压开关内部结构，分析渗油原因为伞齿轮与调压开关内部传动轴之间的骨架密封圈损坏，变压器油从本体油箱渗入伞齿轮，从伞齿轮盒顶盖密封圈处渗出。

4　监督意见

变压器设备运维检修阶段，应严格依据相关标准要求开展巡视检测，检查发现油迹时应查明原因，防止变压器带“病”运行。

案例 8　110kV 变压器内遗留扳手导致夹件对铁芯及地绝缘电阻值为零

监督专业：电气设备性能　　监督手段：验收试验
监督阶段：设备验收　　问题来源：设备制造

1　监督依据

GB/T 50150—2016《电气装置安装工程　电气设备交接试验标准》第 7.0.9 条规定，绝缘电阻值不低于产品出厂试验值的 70%。

2　案例简介

2016 年 6 月 11 日，运检部工作人员对某建工程 110kV 变电站进行设备验收试验时，发现 2 号主变压器（型号 SZ11－50000/110）夹件对铁芯及地绝缘电阻试验电压（2500V）无法升高，绝缘电阻为零，铁芯对夹件绝缘、铁芯对夹件及地绝缘电阻值合格。2 号主变压器夹件对铁芯及地绝缘电阻值为零，存在多点接地故障。

现场工作人员将缺陷情况反馈建设部、运检部后，厂家相关技术人员到达现场进行检查确认，初步制订了消缺方案。13 日厂家使用视频头，经手孔检查发现在变压器内箱底的铁芯夹件垫脚处掉落一把 30/32 的扳手，未发现其他异物。15 日厂方在运检部工作人员监督下使用磁铁取出扳手。扳手取出后测试夹件对铁芯及地绝缘电阻正常。

3　案例分析

3.1　现场试验

6 月 11 日 12 时，在对 2 号主变压器测量其夹件对铁芯及地绝缘电阻时发现试验电压（2500V）无法升高，绝缘电阻为零（见图 1）。分别选 1000、500V 试验电压挡后，试验电压仍无法升高，绝缘电阻值亦无明显变化，仍为 0。为排除试验仪器的影响，更换 S1－552

图 1　变压器油箱底遗留的扳手

智能绝缘电阻表进行验证，结果与原 S1－5001 智能绝缘电阻表测试结果一致。铁芯对夹件绝缘、铁芯对夹件及地绝缘电阻值合格。现场试验结果如表 1 所示。测量夹件绝缘如图 2 所示，更换绝缘电阻表后复测如图 3 所示。

表1　　　　现场试验结果

<table>
<tr><td>试验日期</td><td>2016－06－11</td><td>温度</td><td>32℃</td><td>湿度</td><td>50%</td><td>天气</td><td>晴</td></tr>
<tr><td>使用仪表</td><td colspan="4">S1—5001 智能绝缘电阻表、S1－552 智能绝缘电阻表</td><td colspan="2">上层油温</td><td>29℃</td></tr>
<tr><td colspan="3">试验电压</td><td colspan="2">500V</td><td colspan="2">1000V</td><td>2500V</td></tr>
<tr><td colspan="3">铁芯对夹件及地绝缘电阻值（mΩ）</td><td colspan="2">≥10 000</td><td colspan="2">≥10 000</td><td>≥10 000</td></tr>
<tr><td colspan="3">夹件对铁芯及地绝缘电阻值（mΩ）</td><td colspan="2">0</td><td colspan="2">0</td><td>0</td></tr>
<tr><td colspan="3">铁芯对夹件绝缘电阻值（mΩ）</td><td colspan="2">≥10 000</td><td colspan="2">≥10 000</td><td>≥10 000</td></tr>
</table>

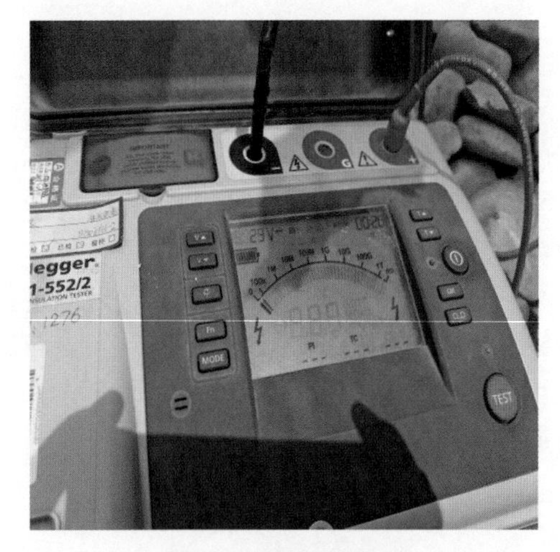

图2　测量夹件绝缘

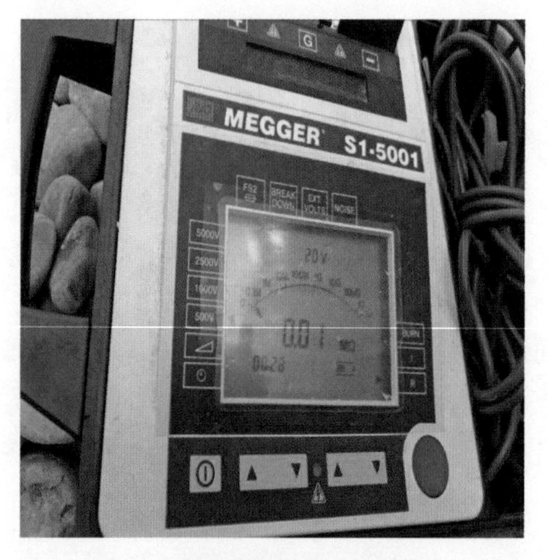

图3　更换绝缘电阻表后复测

3.2　厂方原因分析

厂方按要求开展各工序的核查：扳手掉落在变压器低压侧，B、C 两相间的箱底，扳手一端与铁芯垫脚接触，一端与油箱箱底接触，导致夹件与油箱连接，夹件对地绝缘电阻为 0。

扳手位置处垫脚与油箱之前没有螺栓连接，垫脚与箱底之间为绝缘板绝缘。扳手不需要在此紧固螺母，器身下箱后内部不需要用这种尺寸的扳手进行操作；下箱前有照片可看到该处无遗留扳手，是掉落在箱底上，由于垫脚上部与夹件及木件有较大缝隙，扳手的一端滑落到铁芯夹件下部。

（1）油箱密封后进行铁芯对地、夹件对地绝缘检测，经检测绝缘数据合格（检测记录核查没有问题），之后再进行抽真空注油等相关工作。

（2）附件装配。该装配过程均有专业检修人员跟踪，其过程未出现异常。变压器附件装配使用最大螺栓尺寸为 M16，且使用的是 24 号扳手，装配过程中使用不到 30/32 扳手。只有高压侧套管与升高座装配法兰会使用到 30/32 扳手，从高压侧掉落，是不可能到低压侧位置的。

（3）产品出厂试验。该产品通过所有出厂试验（出厂试验报告核查没问题），均无异常，其间对铁芯、夹件接地绝缘试验，均合格。

（4）变压器拆卸过程。变压器试验合格后，进行附件拆卸与包装，拆卸过程均有专业检修人员跟踪，其过程未出现异常（出厂检验记录核查没问题）。变压器拆卸完成后，进行铁芯、夹件对地绝缘检测，均合格。

（5）扳手来源的核查。生产厂装配工序使用的扳手均做信息标记。扳手标记如图 4 所示。

图 4　扳手标记信息

通过现场从主变压器内取出扳手（见图 5）与生产厂家提供的车间工具比对：扳手品牌全部为 SATA，唯一不同是该扳手无编号钢印，但与安装现场施工队扳手明显不同，证明扳手应为厂家遗留。

厂家查出扳手来源：厂家装货人员在做发货密封检查时，发现低压侧高压零相套管运输封板处有泄漏，曾打开过此封板，并更换了此处的密封垫。由于发货人员的扳手没有纳入编号管理，操作人员使用的是没有编号的扳手进行操作，在此过程中极有可能掉落扳手而不知。

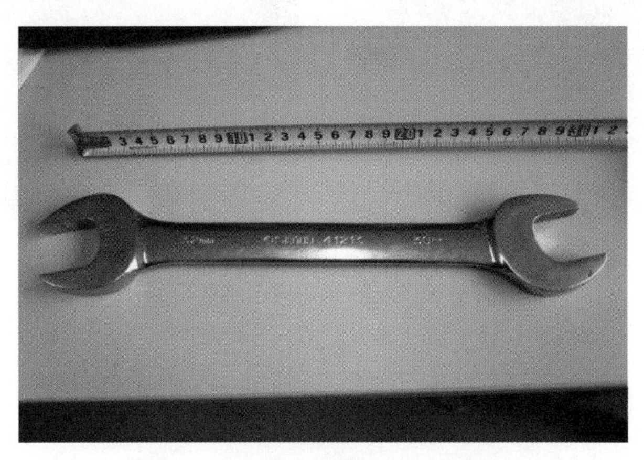

图 5　主变压器内取出的开口扳手

4　监督意见

变压器设备验收时，应严格开展各项检查和试验，把好投运前技术监督关口，严防设备带“病”投入运行。

案例9 110kV变压器末屏设计工艺及材质不佳导致套管末屏放电、断裂

监督专业：金属监督　　监督手段：检修试验
监督阶段：运维检修　　问题来源：设备制造

1 监督依据

《油浸式变压器（电抗器）运维细则》第2.1.1.1条规定套管末屏接地良好。

2 案例简介

2016年5月20日16时巡视发现某110kV变电站2号主变压器（型号BRDLW－126/630－3）C相高压套管末屏接地断裂（见图1）。运检部安排临时停电消缺，检修人员现场检查发现套管末屏接地引出端头烧断，重新连接套管末屏接地，恢复供电后，设备运行正常。

(a)

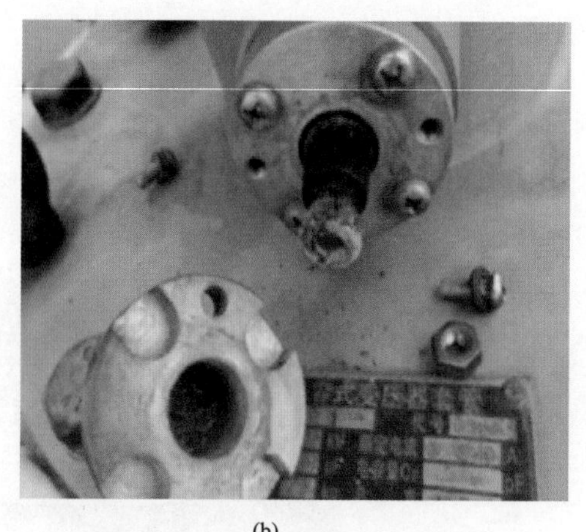

(b)

图1　2号主变压器C相高压套管末屏断裂

（a）末屏外观；（b）接地引出端头烧断

3 案例分析

3.1 检测试验

6月1日将末屏断裂螺柱送省电科院材料所检测。接地螺柱（见图2）有两端螺柱，一端接变压器末屏，另一端接地。开展电气试验时，需要先旋转接地端螺柱打开接地。现场检查发现断裂发生在接地螺柱和螺母连接处，断口与螺母平齐。接地端螺柱表面有明显的锈蚀铜绿，螺母的端面有锈蚀，导致螺纹配合吃紧，无法正常拆卸。

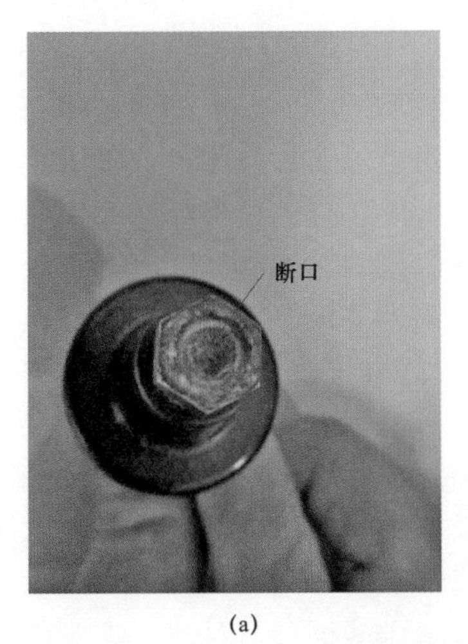

(a)

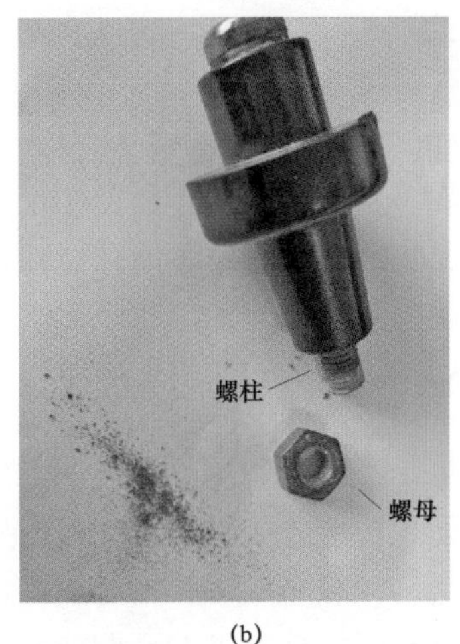

(b)

图 2　接地螺柱形貌

（a）螺柱断口；（b）螺母拆卸

用 Niton XL3t 手持式合金分析仪对接地螺柱进行合金元素分析，结果如表 1 所示。螺柱为 57－4 铅黄铜材质，螺母为 18－8 型不锈钢材质。

表 1　　接地螺柱合金元素分析结果

部位	元素含量		
螺柱	Cu（%）	Zn（%）	Pb（%）
	57.6	36.7	4.3
螺母	Cu（%）	Cr（%）	Ni（%）
	70.8	18.5	7.9

取螺柱和螺母试样，经金相制样后分别采用 $FeCl_3$ 盐酸水溶液和 4%硝酸酒精溶液腐蚀。图 3 为螺柱金相组织，即 α 相＋β 相＋游离铅相，为铅黄铜典型组织；图 4 为螺母金相组织，即单相奥氏体＋孪晶组织，为 18－8 型不锈钢典型组织。螺柱和螺母组织均未见异常。

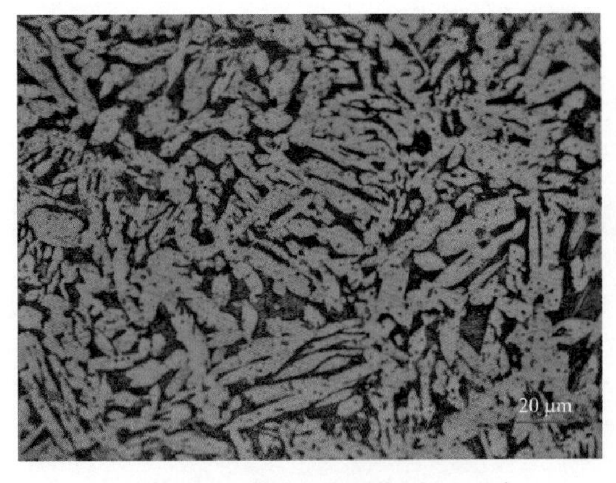

图 3　螺柱金相组织（500×）

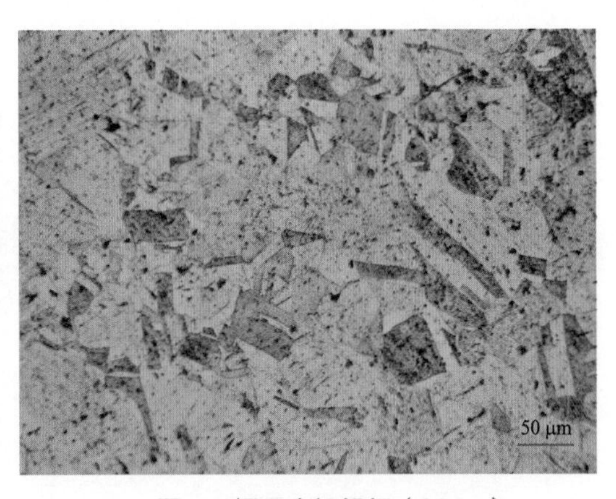

图 4　螺母金相组织（200×）

3.2 原因分析

3.2.1 设计缺陷

设计时采用铜、铝碰撞接地方式，极容易由于电腐蚀原因造成接触不良情况，使末屏电容对地放电，存在一定的设计缺陷。该末屏接地装置的引出端头为铜质材料，而端盖的材质为铝。当铜、铝导体直接连接时，这两种金属的接触面在空气中水分、二氧化碳和其他杂质的作用下极易形成电解液，从而形成以铝为负极、铜为正极的原电池，使铝产生电化腐蚀，造成铜、铝连接处的接触电阻增大。另外，由于铜、铝的弹性模量和热膨胀系数相差很大，铝的热膨胀系数比铜大 36%左右，在长时间运行中经多次冷热不均的长期温差变化（如通电与停电、大负荷与小负荷，冷热天气交替等）后，会使接触点处产生较大的间隙而影响接触面积，造成接触不良进而使接触电阻增加。同时，连接处由于接触松动而出现缝隙进入空气，导致铝导线氧化形成氧化铝。尽管氧化铝的氧化层很薄，但是它的电阻值很高，在连接处的接触电阻大大增加，使连接部位容易发热，加剧氧化，产生恶性循环，使连接质量进一步恶化，并使接头的强度降低。最终导致末屏接地引出端头烧断。

3.2.2 制造材质

末屏螺杆使用黄铜材质，该材质铜所含杂质较多，容易促使形成电腐蚀等。该变压器套管末屏接地采用的是铅黄铜螺柱和钢螺母的连接配合。根据铜和钢材料的电位序数，该连接配合会形成具有电位差的原电池，特别是连接处潮湿时。从螺柱表面产生的铜绿分析，该连接配合曾经处于潮湿的环境中。螺柱和螺母产生电化学腐蚀后，一方面因基体减薄会影响螺柱的强度；另一方面，会影响螺纹的连接配合，导致无法正常拆卸，形成开裂。

3.2.3 其他原因

可能存在外层接地弹簧压力不足或引线柱卡涩等，接地套与末屏引线柱接触不良情况，这样就造成外壳与引出端头之间不能充分接触，从而接触点处产生较大的间隙而影响接触面积，造成接触不良，进而使接触电阻增加。

4 监督意见

建议运行单位结合停电对同厂家同型号套管进行排查，检查套管末屏接地是否良好。运行过程中应加强套管末屏红外精确测温，并保留红外图谱，发现问题及时处理。

案例 10　110kV 变压器有载分接开关选择开关支撑杆顶端螺栓脱落导致色谱数据异常

监督专业：电气设备性能　　监督手段：巡视检测
监督阶段：运维检修　　问题来源：设备制造

1　监督依据

Q/GDW 1168—2013《输变电设备状态检修试验规程》第 5.1.1.1 条表 2 规定，35～110（66）kV 的变压器：乙炔不大于 5μL/L（注意值），氢气不大于 150μL/L（注意值），总烃不大于 150μL/L（注意值）；绕组电阻 1.6MVA 以上变压器，各相绕组电阻相间差别不大于三相平均值的 2%（警示值）。

2　案例简介

2014 年 6 月 12 日，变电运检室在专业巡检中发现某 110kV 变电站 1 号主变压器（型号 SFSZ7－20000－110）油色谱异常，乙炔、总烃数据严重超标，乙炔含量达到 86.1μL/L，汇报运检部。运检部安排 6 月 13 日上午再次取样分析，下午停电进行变压器直流电阻、线圈绝缘及铁芯绝缘试验检查，发现油中乙炔、总烃数据增长较快，乙炔含量达到 294.2μL/L，本体底部，直流电阻 4 挡不平衡率偏大，为 2.2%。根据现场试验情况，于 6 月 15 日对 1 号主变压器进行吊罩检查，在对主变压器进行起罩后，检查发现有载分接开关选择开关部分 7～8 挡定触头的条形支撑杆顶端螺钉脱落（见图 1），螺钉掉在主变压器底部，接头均压环掉在分接开关底部。6 月 18 日，有载分接开关到货，现场吊罩更换有载分接开关后进行大修后试验合格后恢复运行。

图 1　条形支撑杆顶端螺钉脱落

3 案例分析

3.1 现场试验

2014年6月12日，变电运检室在专业巡检中发现某110kV 1号主变压器油色谱异常，乙炔、总烃数据严重超标，乙炔含量达到86.1μL/L（见表1），汇报运检部。运检部安排将1号主变压器转为热备用，13日试验检查。

表1　　6月12日110kV变电站1号主变压器油色谱数据　　（μL/L）

取样日期	H_2	CO	CO_2	CH_4	C_2H_4	C_2H_6	C_2H_2	总烃
2014.6.12	18.9	194.8	2691.5	28.1	122.6	4.6	86.1	241.1

变电运检室在6月13日上午再次取样分析，下午进行变压器直流电阻、线圈绝缘及铁芯绝缘试验，发现油中乙炔、总烃数据增长较快，直流电阻4挡不平衡率偏大，为2.2%（见表2）。

表2　　6月13日色谱数据　　（μL/L）

取样日期	H_2	CO	CO_2	CH_4	C_2H_4	C_2H_6	C_2H_2	总烃
2014.6.13 本体底部	135.4	195.4	2689.9	43.2	157.6	4.9	294.2	499.9
2014.6.13 本体中部	33.2	184.7	2582.6	27.4	125.8	5.4	100.9	259.5
2014.6.13 本体瓦斯油样	3851.9	192.9	2638.4	335.4	316.4	0	1746.8	2398.6
2014.6.13 本体瓦斯气样	35 828.4	1613.9	3158.4	2389.4	1225.4	0	3868.7	7483.5

根据现场试验情况，该公司定于6月15日对该变电站站1号主变压器进行吊罩检查。在15日对主变压器进行起罩后，检查发现有载分接开关选择开关部分7～8挡定触头的条形支撑杆顶端螺钉脱落，螺钉掉在主变压器底部（见图2）。接头均压环掉在分接开关底部。

图2　螺钉掉在主变压器底部

进一步检查发现有载分接开关选择开关 8 挡 A 相静触头有烧毁痕迹、边上接线螺钉均压环有放电痕迹，击穿了一个洞，如图 3 所示。

图 3　均压环有放电痕迹并击穿了一个洞

有载分接开关选择开关 A 相动触头有烧毁痕迹，与静触头接触位置偏移，如图 4 所示。

图 4　A 相动触头有烧毁痕迹

选择开关动触头 B 相与静触头接触位置偏移，如图 5 所示。

6 月 18 日，有载分接开关到货，现场吊罩更换有载分接开关。变压器注油静置后，开展修后试验。主变压器及有载分接开关试验数据合格，变压器油色谱试验数据合格。

图5　动静触头位置偏移

3.2　原因分析

调取该变电站1号主变压器挡位调整操作记录，发现1号主变压器自6月7日转入运行至6月13日转到检修状态，期间共调压25次，最高运行挡位为9挡，最低运行挡位为5挡，其中共运行于8挡四次，分别为6月8日22:33；6月12日22:08；6月13日01:12和6月13日9:07。

结合现场检查及主变压器调挡情况分析，判断故障是由于有载分接开关选择开关7～8挡静触头的条形支撑杆顶端螺钉脱落，造成动触头与静触头之间接触异常。同时，在该根条形支撑杆松动的情况下进行分接切换，使选择开关静触头系统发生偏移，选择部分的整个静触头系统已不能与动触头良好接触。有载开关调挡时，动触头与静触头间放电拉弧造成主变压器本体油色谱分析数据异常。

该1号变压器运行中，选择开关会频繁动作，由于变压器有载分接开关选择开关支撑杆顶端螺栓没有防松动措施，长期运行后会逐渐松动。

4　监督意见

（1）变压器监造过程中应要求生产厂家对切换开关等重要连接部件螺栓采取防松动措施。

（2）有载分接开关在安装时应按生产出厂说明书进行调试检查。要特别注意分接引线距离和固定状况、动静触头间的接触情况和操作机构指示位置的正确性。

（3）变压器的色谱分析作为反映变压器内部潜伏性故障非常重要的手段，无论在设备的验收、运行等各个阶段都应给予充分重视，一旦发现数据异常应加强跟踪，必要时进行停电试验。

（4）对运行年限较长的变压器应根据不同生产厂家产品结合运行经验，适当缩短变压器的带电色谱分析周期。对怀疑有缺陷的变压器可考虑安装变压器油中溶解气体在线检测装置，实时监测变压器色谱。

（5）对老旧变压器应针对不同生产厂家产品适时安排吊罩检修。

案例 11 110kV 变压器高压侧套管内部定位螺母反向装配导致套管桩头严重过热

监督专业：电气设备性能　　监督手段：巡视检测

监督阶段：运维检修　　问题来源：安装施工

1 监督依据

DL/T 664—2016《带电设备红外诊断应用规范》附录 A（规范性附录）规定，金属部件与金属部件连接处相对温差 $\delta \geq 80\%$为严重缺陷。

2 案例简介

2016 年 11 月 8 日，变电运检人员在对某 110kV 变电站红外热像检测时发现，2 号主变压器（型号 SSZ10－50000/110）110kV 侧 C 相套（型号 BRQ－110/600）管端部存在过热，比正常相高 1 倍（C 相 32.2℃、A 相 14.1℃、B 相 14.7℃），为严重缺陷，其红外热像图如图 1 所示。专业技术人员赴现场检查，确认发热具体部位为高压侧套管端部与将军帽底部连接处。11 月 11 日，主变压器停运检查发现 C 相套管将军帽后发现套管端部定位螺母装反，重新装配定位螺母，连接引线。送电后，红外热像复测显示测温结果正常，无过热现象，缺陷消除，其检测记录表如表 1 所示。

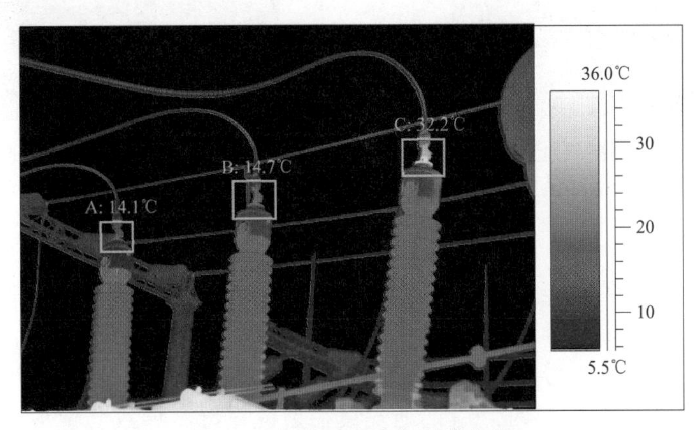

图 1　2 号主变压器红外热像图

表 1　2 号主变压器红外热像检测记录

测试地点	某 110kV 变电站	设备编号名称	2 号主变压器高压侧套管
天气	晴	环境温度（℃）	10
风速（m/s）	＜2	测试人员	章某、潘某
表面温度（℃）	32.2	正常相温度（℃）	14.7
参照体温度（℃）	11	相对温差（%）	82.55
负荷情况（A）	168	缺陷定性	严重

3 案例分析

3.1 现场检测处置

2016 年 11 月 8 日，变电运检人员在对某 110kV 变电站红外热像检测时发现，2 号主变压器 110kV 侧 C 相套管端部存在过热，比正常相高 1 倍（C 相 32.2℃、A 相 14.1℃、B 相 14.7℃），相对温差已经超过 80%，依据 DL/T 664—2016《带电设备红外诊断应用规范》附录 A（规范性附录）判定该缺陷为严重缺陷。

专业技术人员赴现场检查，确认发热具体部位为高压侧套管端部与将军帽底部连接处。11 月 11 日，主变压器停运，变电运检人员会同套管生产厂家技术人员将主变压器 C 相引线拆除，打开套管将军帽后发现套管端部定位螺母装反（见图 2），未发现其他异常现象，随即重新装配定位螺母、连接引线（见图 3）；检查其他两相，未发现异常。送电后，测温正常。

图 2　2 号主变压器高压侧 C 相套管定位螺母错误装配方式

图 3　2 号主变压器高压侧 C 相套管定位螺母正确装配方式

3.2 原因分析

套管定位螺母的接触面应与套管将军帽接触（见图 4），C 相套管内部定位螺母反向安装导致套管与顶部将军帽接触面积小，在负荷较大情况下，最终导致了此次严重过热缺陷。

现场施工队伍在安装 2 号主变压器高压侧套管时，未正确辨识到套管定位螺母正反面，在对高压侧 C 相套管进行安装时，错误地安装了定位螺母，导致套管与顶部将军帽内部接触面小，在运行时发生内部过热情况。

4 监督意见

（1）套管安装时，施工人员必须严格遵守检修工艺质量控制“十步法”。检测安装后的接头直流电阻，应小于控制值，如不符合要求，必须拆除接头，重复“十步法”步骤。

（2）在运维检修过程中，应严格按照规程规定开展变压器红外测温工作，尤其应关注套管顶部接头发热情况，连接部位温度与其他相似位置温度相差 3K 时应进行缺陷排查。

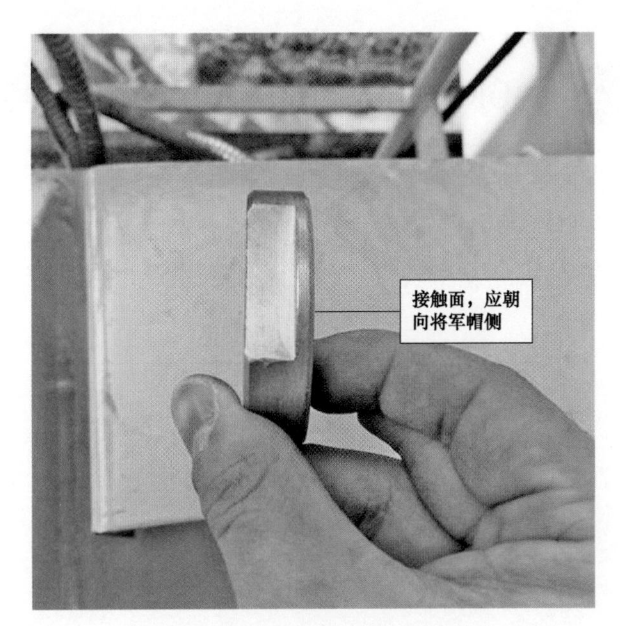

图 4　套管内部定位螺母正反面

案例12 110kV变压器高压套管定位销安装不良导致介质损耗超标

监督专业：电气设备性能　　监督手段：交接试验
监督阶段：设备验收　　问题来源：设备安装

1 监督依据

Q/GDW 1168—2013《输变电设备状态检修试验规程》第5.7.1.1条规定，高压套管巡检及例行试验项目：

1）电容量初值差不超过±5%；

2）介质损耗因数 $\tan\delta \leqslant 0.01$（$U_m = 126$kV）。

5.7.2.1 高压套管诊断性试验项目：末屏介质损耗因数≤0.015。

2 案例简介

2011年3月17日，检修试验人员对某110kV变电站扩建工程2号主变压器（型号SFSZ11－63000/110）进行投运前试验监督抽检时，发现2号主变压器110kV侧A相套管（型号COT550－800）介质损耗超标严重，汇报运检部。3月23日，对该缺陷进行检查处理。当拆下A相高压套管上压紧螺母后，发现套管定位销倾斜放置，使得套管将军帽与穿缆导线不能有效接触；将定位销拆下，发现定位销端部弹簧片已被敲平，导致定位销端部与将军帽非有效接触，如图1所示。更换新的定位销，并确保可靠接触后，复测套管介质损耗正常。

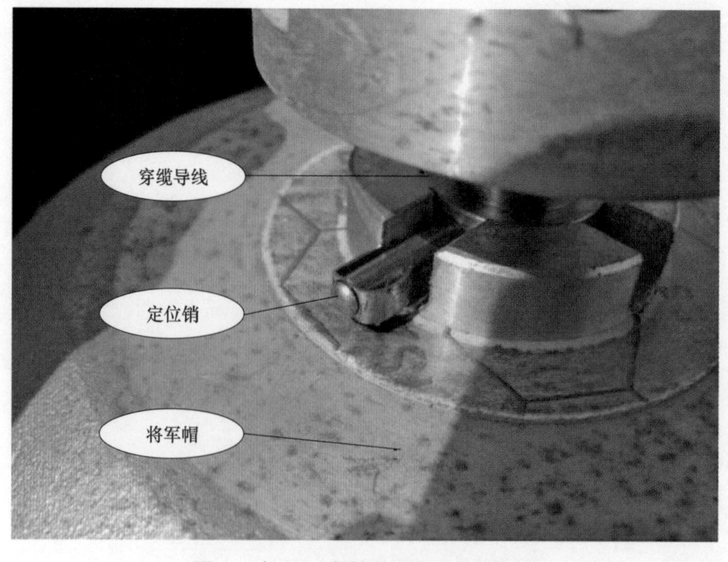

图1 变压器套管将军帽处定位销

3 案例分析

3.1 现场试验

3 月 17 日，检修试验人员对某 110kV 变电站扩建工程 2 号主变压器进行投运前试验监督抽检时，发现 2 号主变压器 110kV 侧 A 相套管介质损耗超标严重，B 相、C 相合格，B 相相对 C 相偏大，测试结果如表 1 所示。

表 1　　现场试验结果

试验日期	2011－3－17	温度	15℃	湿度	50%	天气	晴
使用仪表	GZ－8 绝缘电阻表、AI－6000C 介质损耗测试仪				上层油温		29℃
相别	A 主	A 末屏	B 主	B 末屏	C 主	C 末屏	
绝缘电阻（MΩ）	＞10 000	＞10 000	＞10 000	＞10 000	＞10 000	＞10 000	
C_x（pF）	283.6	877.6	284.6	902.3	279.9	917.0	
$\tan\delta$（%）	0.912	2.494	0.469	0.304	0.245	0.201	

3 月 23 日，生产厂家技术人员到达现场，开展套管吊出检查。当拆下 A 相高压套管上压紧螺母后，发现套管定位销倾斜放置，使得套管将军帽与穿缆导线不能有效接触，现场用万用表测得穿缆导线与将军帽不导通，如图 2 所示。

图 2　变压器套管将军帽处定位销

对定位销进行更换后，复测三相高压套管介质损耗，测试结果如表 3 所示，结果合格。

表 3　　现场复测结果

试验日期	2011.3.23	温度	18℃	湿度	50%	天气	阴
使用仪表	GZ－8 绝缘电阻表、AI－6000C 介质损耗测试仪				上层油温		34℃
相别	A 主	A 末屏	B 主	B 末屏	C 主	C 末屏	
绝缘电阻（MΩ）	＞10 000	＞10 000	＞10 000	＞10 000	＞10 000	＞10 000	
C_x（pF）	279.5	905.5	278.0	909.8	278.9	917.3	
$\tan\delta$（%）	0.256	0.209	0.279	0.210	0.260	0.203	

3.2 原因分析

变压器本体内 110kV 高压引线（穿缆导线）通过套管内壁至套管将军帽端部引出，COT550－800 高压套管与本体变压器油的密封靠穿缆导线端部螺杆上的密封圈和将军帽内壁紧固，而一次引线是通过将军帽上部定位销端部弹簧片形成回路，使得高压套管内的电容高压屏导通。

分析认为变压器 2 号变高压侧套管介质损耗超标严重的主要原因为安装过程中套管将军帽处定位销放置不正确或施工不规范导致定位销弹簧片损坏，如图 3 所示，造成套管高压引线与将军帽不能有效接触，使高压套管内的电容高压屏处于悬浮状态，并形成悬浮电位，当对套管进行介质损耗试验时，试验回路中的悬浮电位增加了一个并联电容 C，使现场测得介质损耗 $\tan\delta$ 值超标。

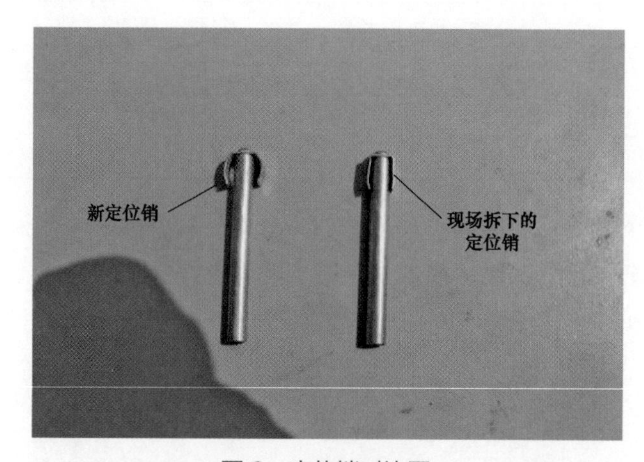

图 3　定位销对比图

根据现场原因分析，将高压 A、B 相套管定位销进行更换，并用万用表测量穿缆导线与将军帽接触良好，再次对该套管进行介质损耗试验时，数据正常。最终认定，本次缺陷为施工单位对套管的结构不了解从而导致错误安装。

4　监督意见

变压器设备验收时，应严格开展各项检查和试验，加强施工关键点监督和检查，把好投运前技术监督关口，严防设备带“病”投入运行。套管安装时，施工人员必须严格遵守检修工艺质量控制“十步法”。检测安装后的接头直流电阻，应小于控制值，如不符合要求，必须拆除接头，重复“十步法”步骤。

案例 13　35kV 变压器箱体内遗留异物导致夹件绝缘异常

监督专业：绝缘监督　　监督手段：交接试验
监督阶段：设备运维　　问题来源：设备制造

1　监督依据

QB 50150—2016《电气装置安装工程　电气设备交接试验标准》第 5.7.0.9 条规定，绝缘电阻值不低于产品出厂试验值的 70%。

Q/GDW 1168—2013《输变电设备状态检修试验规程》第 5.1.1.1 条中表 2 规定，铁芯绝缘电阻≥100MΩ（新投运 1000MΩ）（注意值）。

2　案例简介

2016 年 6 月 30 日，运检人员对某 35kV 变电站 1 号主变压器（型号 SZ11－20000/35）更换后交接试验，发现变压器绕组连同套管的绝缘电阻及铁芯对地、夹件对地绝缘电阻值远远低于变压器出厂试验值，汇报运检部。设备返厂吊芯检查，发现变压器 35kV 侧 B 相绕组外包绝缘纸存在破损现象，下方铺垫的绝缘隔板中镶嵌一个金属螺钉帽，下油箱油池及边缘部位存在金属铁渣。

3　案例分析

3.1　现场试验

2016 年 6 月 30 日，运检人员对某 35kV 变电站 1 号主变压器更换后交接试验，在检测变压器绝缘电阻测试时，发现变压器绕组连同套管的绝缘电阻及铁芯对地、夹件对地绝缘电阻值远远低于变压器出厂试验值。所得试验数据分别为高压对低压及地 15s/60s：2260MΩ/4240MΩ，低压对高压及地 15s/60s：1650MΩ/4360MΩ，出厂值分别为 15s/60s：36 500MΩ/48 500MΩ，低压对高压及地 15s/60s：8070MΩ/37 600MΩ，依据 GB 50150—2016《电气装置安装工程　电气设备交接试验标准》中“7.0.9 测量绕组连同套管的绝缘电阻、吸收比或极化指数，绝缘电阻值不低于产品出厂试验值的 70%”判定为不合格；在进行变压器铁芯对地、夹件对地绝缘电阻测试（均使用绝缘电阻表挡位 2500V 测试）时，所得试验数据分别为铁芯对地/夹件对地：3200MΩ/280MΩ，而出厂值分别为 7800MΩ/6300MΩ；依据 Q/GDW 1168—2013《输变电设备状态检修试验规程》第 5.1.1.1 条表 2 中“铁芯、夹件绝缘电阻≥100MΩ（新投运 1000MΩ）（注意值）”判定为不合格。

运检部将交接试验情况反馈给厂家，变压器厂家技术人员 7 月 2 日到达现场进行检查确认，并初步制订了消缺方案。7 月 6 日变压器厂家工作人员对变压器进行排油处理后，进行变压器夹件对地绝缘电阻测试（绝缘电阻表挡位 2500V），所得试验数据为 260MΩ。变压器厂家工作人员对变压器进行抽真空 1h，更换新油注入变压器，热油循环 4h，变压器静止 12h。7 月 7 日上午再次对变压器进行变压器绕组连同套管的绝缘电阻及铁芯、夹件对地绝缘电阻测试，测试数据显示变压器夹件对地绝缘电阻仍为不合格。遂对该变压器进行返厂检查。变压器试验数据见表1。

表1　　变压器试验数据

<table>
<tr><td>试验日期</td><td colspan="2">2016-6-30</td><td colspan="2">温度</td><td colspan="2">33℃</td><td colspan="2">湿度</td><td>64%</td><td>天气</td><td>晴</td></tr>
<tr><td>使用仪表</td><td colspan="8">S1-5001 智能绝缘电阻表 AI-6000K 型介质损耗仪</td><td colspan="2">上层油温</td><td>30℃</td></tr>
<tr><td rowspan="2">加压及接地绕组</td><td colspan="5">对应时间下的电阻值</td><td colspan="2" rowspan="2">吸收比（R_{60}/R_{15}）</td><td colspan="2" rowspan="2">极化指数（R_{600}/R_{60}）</td><td colspan="2" rowspan="2">tanδ（%）/C_x（pF）</td></tr>
<tr><td>15s</td><td colspan="2">60s</td><td colspan="2">600s</td></tr>
<tr><td>高一低及地</td><td>2260</td><td colspan="2">4240</td><td colspan="2">18 900</td><td colspan="2">1.876</td><td colspan="2">4.458</td><td colspan="2">0.205/6728</td></tr>
<tr><td>出厂值</td><td>36 500</td><td colspan="2">48 500</td><td colspan="2">—</td><td colspan="2">1.329</td><td colspan="2">—</td><td colspan="2">—</td></tr>
<tr><td>低一高及地</td><td>1650</td><td colspan="2">4360</td><td colspan="2">15 500</td><td colspan="2">2.642</td><td colspan="2">3.555</td><td colspan="2">0.534/12 360</td></tr>
<tr><td>出厂值</td><td>18 070</td><td colspan="2">37 600</td><td colspan="2">—</td><td colspan="2">2.081</td><td colspan="2">—</td><td colspan="2">—</td></tr>
<tr><td>铁芯对地</td><td colspan="5">绝缘电阻表挡位 2500V</td><td colspan="6">3200MΩ</td></tr>
<tr><td>出厂值</td><td colspan="5">绝缘电阻表挡位 2500V</td><td colspan="6">7800MΩ</td></tr>
<tr><td rowspan="3">夹件对地</td><td colspan="5">绝缘电阻表挡位 2500V</td><td colspan="6">280MΩ</td></tr>
<tr><td colspan="5">绝缘电阻表挡位 1000V</td><td colspan="6">429MΩ</td></tr>
<tr><td colspan="5">绝缘电阻表挡位 500V</td><td colspan="6">637MΩ</td></tr>
<tr><td>出厂值</td><td colspan="5">绝缘电阻表挡位 2500V</td><td colspan="6">6300MΩ</td></tr>
<tr><td>铁芯对夹件</td><td colspan="5">绝缘电阻表挡位 2500V</td><td colspan="6">3400MΩ</td></tr>
</table>

3.2　返厂情况

7月9日对变压器进行吊罩及吊芯检查（见图1），发现变压器35kV侧B相绕组外包绝缘纸存在破损现象（见图2），35kV侧B相绕组引出导线绝缘纸包扎不严实，存在外露铜导体现象；工作人员抽取芯体与下油箱之间铺垫的绝缘隔板，在取出B相绕组正下方铺垫的绝缘隔板后发现绝缘隔板中（向下面）镶嵌着一个金属螺钉帽（见图3）。

图1　变压器吊芯检查

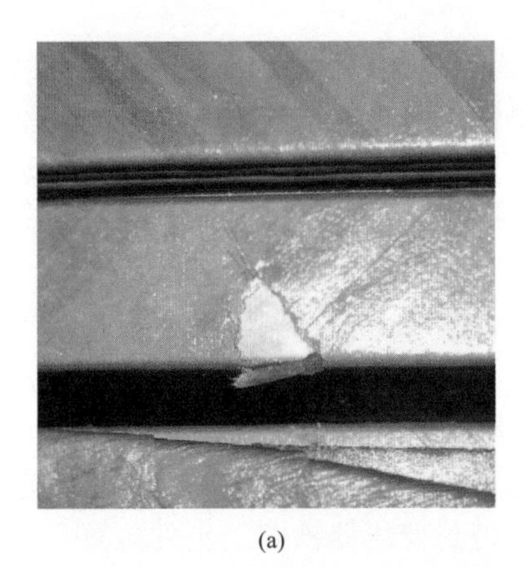
(a)

(b)

图 2　变压器绕组外包绝缘纸存在破损
（a）绕组绝缘纸破损；（b）引线绝缘纸破损

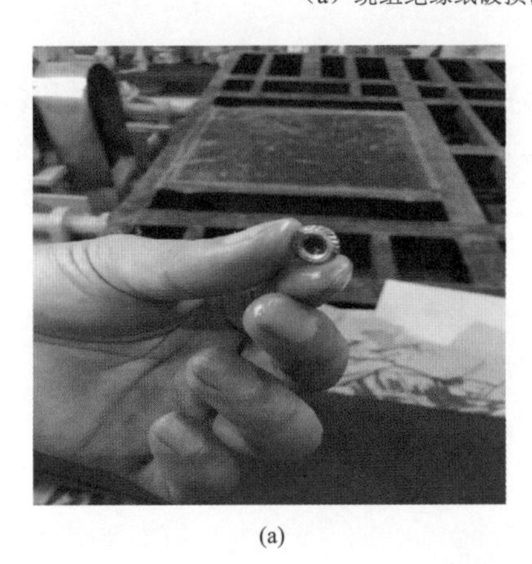
(a)

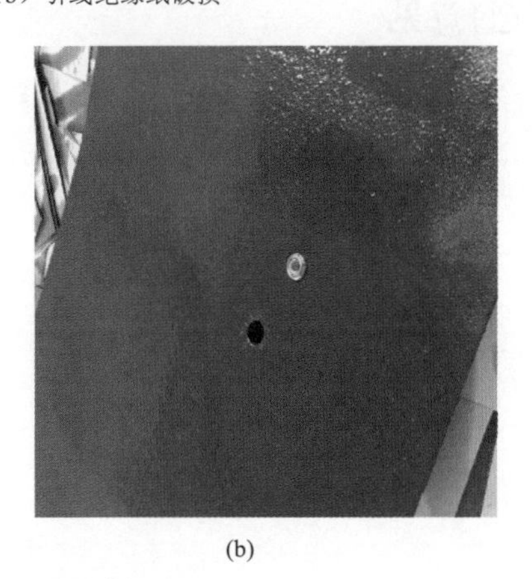
(b)

图 3　绝缘隔板中镶嵌螺钉帽
（a）螺帽；（b）绝缘隔板缺口

芯体与下油箱之间铺垫的绝缘隔板为两层，下层绝缘隔板已被金属螺母割穿，上层绝缘隔板被金属螺母割穿一大半。变压器下油箱边缘部位存在金属铁渣（见图 4）。

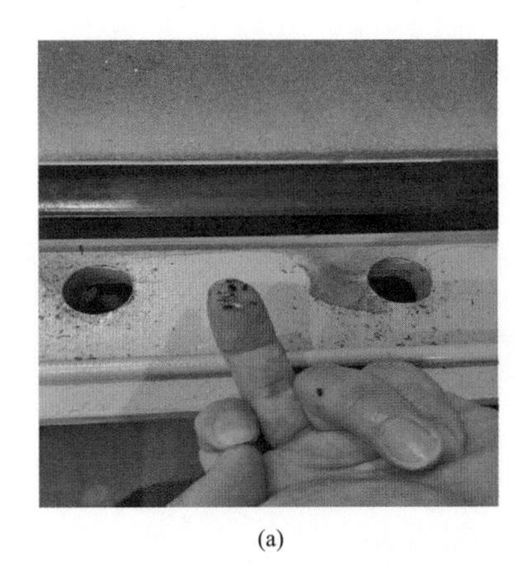
(a)

(b)

图 4　下油箱油池及边缘部位存在金属铁渣
（a）金属铁渣；（b）下油箱油池

生产厂家工作人员将变压器芯体送入炉体，进行气相干燥 24h 后，对芯体绕组使用绝缘纸绑扎、修补，对变压器下油箱内部重新铺垫绝缘隔板，安装芯体夹件与下油箱之间的绝缘件，并对变压器绕组支撑绝缘件及夹件进行紧固。变压器芯体与变压器下油箱安装结束后，对变压器铁芯、夹件对地绝缘电阻测试进行测试，检测数据合格。

3.3 原因分析

（1）变压器芯体在场内组装过程中在变压器下箱体内遗留金属螺母，造成变压器芯体下压住螺母，在运输过程中变压器芯体微动使得金属螺母与绝缘隔板进行磨蹭从而进入绝缘隔板当中，造成在交接试验中变压器夹件对地绝缘电阻值不合格。

（2）变压器厂在场内设备组装时，施工工艺不标准，厂内工艺把关不良，造成变压器内部金属屑、残渣较多，导致残渣随油流扩散，带到变压器铁芯、夹件位置，导致铁芯对地、夹件对地绝缘电阻异常。

4 监督意见

变压器设备验收时，应严格开展各项检查和试验，加强施工关键点监督和检查，把好投运前技术监督关口，严防设备带“病”投入运行。对于问题多发的变压器制造厂，应对其入网产品进行抽样检测。

案例 14 35kV 相控电抗器夹件外拉螺杆断裂导致下夹件悬浮放电

监督专业：电气设备性能　　监督手段：检修试验
监督阶段：运维检修　　问题来源：设备制造

1 监督依据

Q/GDW 1168—2013《输变电设备状态检修试验规程》第 5.1.1.1 条表 2 规定，油中溶解气体分析：乙炔≤5μL/L（330kV 以下）（注意值）；氢气≤150μL/L（注意值），总烃≤150μL/L（注意值）。

2 案例简介

2017 年 1 月 10 日，某 500kV 变电站现场开展 35kV TCR 支路 1 号相控电抗器（简称 1 号相控电抗器，型号 BKSFKP－35－2000－21.2）取油样工作，11 日进行油中溶解气体色谱分析试验，发现乙炔含量严重超标且有增长趋势。依据 DL/T 722—2014《变压器油中溶解气体分析和判断导则》，故障类型为电弧放电，可能内部存在线圈匝间短路、分接头引线间油隙闪络等绝缘缺陷。

现场工作人员将缺陷情况反省检修公司运检部后，1 月 16 日，省公司运检部组织检修公司、工程公司、变压器厂家对 1 号相控电抗器乙炔超标缺陷进行专题讨论，分析认为本次缺陷需返生产厂家处理。

2 月 6～11 日，厂家将 1 号相控电抗器本体（不带油）及附件（散热器、储油柜等）运输至变压器厂进行解体检查。

2 月 16 日，厂家对 1 号电抗器进行吊芯检查发现共有 5 根夹件外拉螺杆断裂，初步分析靠近接地引出线侧旁轭夹件外拉螺杆断裂（上面 1 根），如图 1 所示，导致下夹件悬浮放电，是造成油色谱数据超标的主要原因。

图 1 电抗器夹件外拉螺杆断裂

3 案例分析

3.1 现场试验

2017 年 1 月 10 日，某 500kV 变电站现场开展融冰装置 35kV 1 号相控电抗器（简称 1 号相控电抗器）取油样工作，1 月 11 日进行油中溶解气体色谱分析试验，乙炔含量为 81.195μL/L，严重超标，且氢气超标，总烃接近注意值。1 月 12 日复测，乙炔含量为 105.96μL/L，各项数据均有增长趋势，且乙炔、氢气、总烃超标，测试数据如表 1 所示。依据 DL/T 722—2014《变压器油中溶解气体分析和判断导则》，故障类型为电弧放电。可能内部存在线圈匝间短路、分接头引线间油隙闪络等绝缘缺陷。根据 1 月 12 日的最新试验数据，使用三比值法分析结果如下：

$$C_2H_2/C_2H_4=105.96/36.232\approx2.92$$

$$CH_4/H_2=36.732/213.094\approx0.17$$

$$C_2H_4/C_2H_6=36.232/5.059\approx7.16$$

对应编码组合为（1，0，2），依据 DL/T 722—2014《变压器油中溶解气体分析和判断导则》，故障类型为电弧放电。可能内部存在线圈匝间短路、分接头引线间油隙闪络等绝缘缺陷。

表 1　　1 号相控电抗器油测试数据

气体组分（μL/L）	1 月 11 日	1 月 12 日（复测）	气体组分（μL/L）	1 月 11 日	1 月 12 日（复测）
甲烷（CH_4）	30.018	36.732	总烃	144.359	183.983
乙烷（C_2H_6）	4.205	5.059	氢气（H_2）	172.73	213.094
乙烯（C_2H_4）	28.941	36.232	一氧化碳（CO）	289.078	343.589
乙炔（C_2H_2）	81.195	105.96	二氧化碳（CO_2）	1337.12	1687.89

3.2　原因分析及处置

2017 年 2 月 16 日，产品厂内对 1 号电抗器进行吊芯检查：

（1）检查产品夹件结构：发现上铁轭 2 根（其中一根有放电痕迹），两侧旁轭 3 根（一侧 1 根，一侧 2 根），共 5 根夹件外拉螺杆断裂；在夹件及相应绝缘件处发现多处放电痕迹，靠近接地引出线侧旁轭夹件外拉螺杆断裂 2 根，其中上面 1 根断裂部位（断裂螺母对夹件）放电较为严重，另内侧穿心螺杆检查未发现明显异常。图 2 为产品铁芯结构示意图。

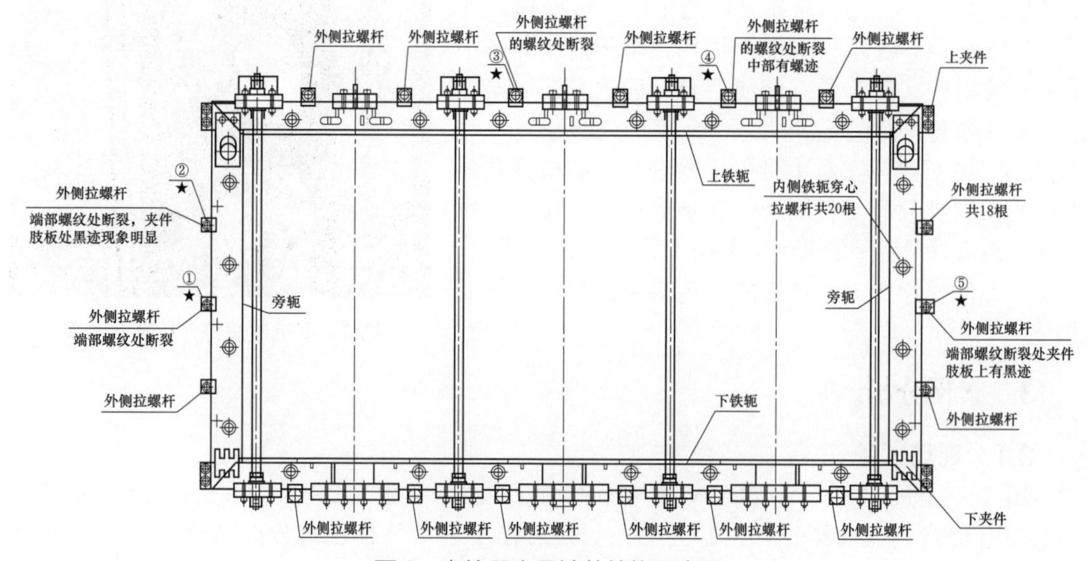

图 2　电抗器产品铁芯结构示意图

注 1　内侧铁轭穿心拉螺杆 20 根，外侧拉螺杆共计 18 根。

注 2　现场发现外侧拉螺杆断裂损坏共五处（图中“★”处）。

（2）现场吊检过程中发现的五处拉螺杆断裂相关情况如图 3～图 6 所示。

图 3　左侧一旁轭拉螺杆端部螺纹断裂处有严重放电处（第 1、2 处）

图 4　右侧一旁轭拉螺杆端部螺纹处黑迹（第 3 处）

图 5　上轭一中间处拉螺杆端部螺纹断裂处无黑迹（第 4 处）

图 6　上轭一中间处拉螺杆端部螺纹断裂无其他黑迹现象（第 5 处）

（3）原因分析。针对产品乙炔超标，根据 2 月 16 日返厂后现场吊芯检查后立即开会进行分析，会议上综合现场解体检查情况，初步分析靠近接地引出线侧旁轭夹件外拉螺杆断裂（见图 3），导致下夹件悬浮放电，是造成油色谱数据超标的主要原因。

3.3　修复方案

根据电抗器吊检情况分析，改进方案如下：

（1）夹件外侧 M16 拉螺杆全部改为 M20 拉螺杆（共计 18 根，具体位置如图 7 所示）。

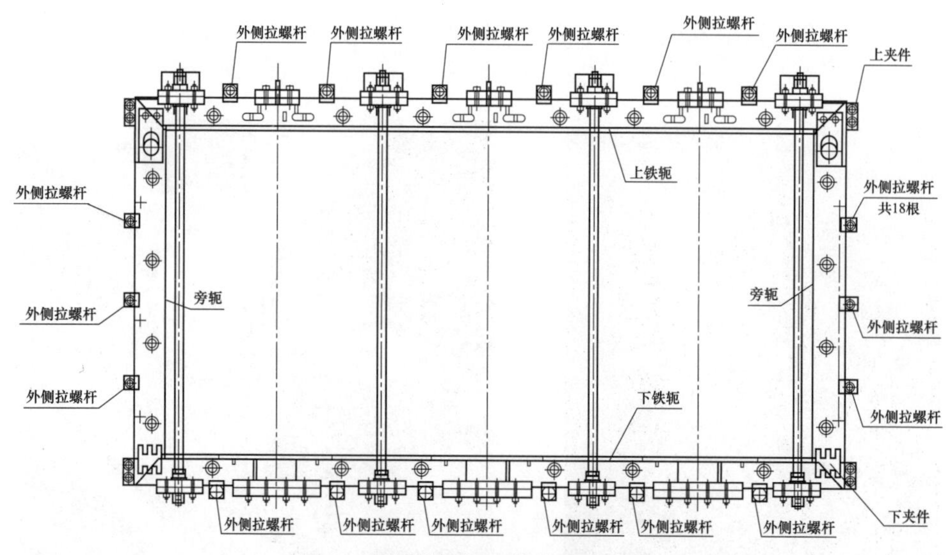

图 7　外侧拉螺杆更换位置示意图

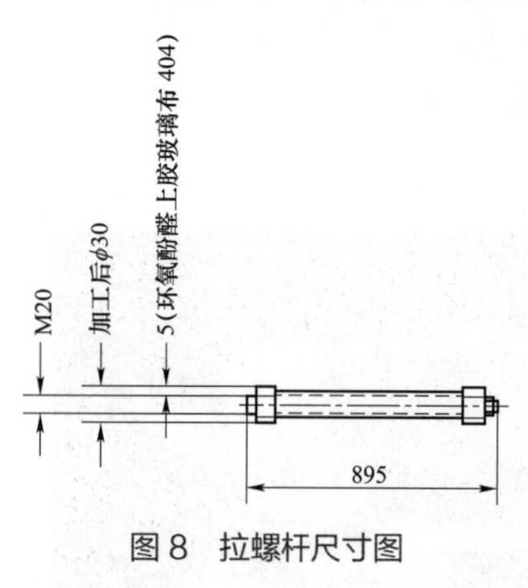

图 8　拉螺杆尺寸图

通过增大拉螺杆螺纹截面积，降低拉螺杆螺纹处强度。若在保持单位面积上铁芯夹紧力不变的基础上，根据应力与扭矩转换公式（$F=T/K$）可得夹件外侧拉螺杆 M20 螺纹处的应力设计强度为 240MPa，设计满足该材料选用标准。拉螺杆尺寸图如图 8 所示。

（2）将原外侧拉螺杆 M16 改为拉螺杆 M20 后，再增加外侧拉螺杆 M20 的扭矩。经过分析，此结构将铁轭单位面积夹紧力取值提高至 12kg/cm^2 时，有利于整体性能提高。经计算，该状态下夹件外侧拉螺杆 M20 螺纹处的应力设计强度为 350MPa，设计满足该材料选用标准。

根据上述计算结果对比如表 2 所示。

表 2　计算结果对比　MPa

序号	夹件外侧拉螺杆螺纹规格	设计应力	铁轭单位面积压紧力
1	M16（原始状态）	370	8.2
2	M20（更换后）	240	8.2
3	M20（更换后）	350	12

依据改进方案，对设备进行了改造，满足运行要求。

4　监督意见

加强设备选型、订货、验收及投运的全过程管理。应选择具有良好运行业绩和成熟制造经验的生产厂家的产品。对于新工艺、新结构设备，应提供全部型式试验报告；并在设备投运初期加强巡视监测，如有异常，应及时查明原因，适时开展绝缘油色谱分析。

第 2 章　断路器

案例15 500kV断路器拐臂连接轴销两侧弹性卡销制造工艺不良导致跳闸

监督专业：电气设备性能　　监督手段：检修试验

监督阶段：设备运维　　问题来源：设备制造

1 监督依据

《国家电网公司变电检修通用管理规定　第2分册　断路器检修细则》第3.6.6.2条规定，卡、销、螺栓等附件齐全无松动、无变形、无锈蚀，转动灵活，连接牢固可靠，否则应更换。

2 案例简介

2011年10月5日18时28分，运维人员对500kV某变电站5022断路器（见表1）进行合闸操作，18时29分7秒670毫秒三相合闸成功，18时29分7秒712毫秒报C相跳闸，18时29分11秒报5022汇控箱非全相动作，18时29分11秒5022断路器A、B相跳闸。检修人员发现C相机构主轴上的合闸保持机构拐臂连接轴销与弹性卡销已脱落，拐臂有明显的贯穿断裂纹（贯穿深度约2～3mm）。对5022断路器C相机构进行重新安装、调试，同时对A、B两相机构进行检查，验收合格后恢复运行。

表1　　5022断路器基本信息

运行编号	5022	产品型号	GL317XD
出厂日期	2006年	出厂编号	06317031002
机构型号	FK3－5	投运日期	2007年7月

3 案例分析

3.1 检修过程

2011年10月9日，安排5022断路器C相机构返厂检修。检修人员对新机构出厂技术参数进行核对、确认，检查机构机械传动部件。将旧机构机芯拆除，更换新机芯。对原机构二次控制元件进行耐压试验、分合闸线圈电阻值测量，试验合格后，对5022断路器C相机构进行安装、调试，同时对A、B两相机构进行检查（见图1～图4）。

3.2 原因分析

对该起跳闸进行分析，原因如下：

（1）机构主轴上的合闸保持机构拐臂连接轴销两侧的弹性卡销中心距制造、加工不规范，中心距偏小，一侧弹性卡销（断路器极柱侧）受力过大、脱落。

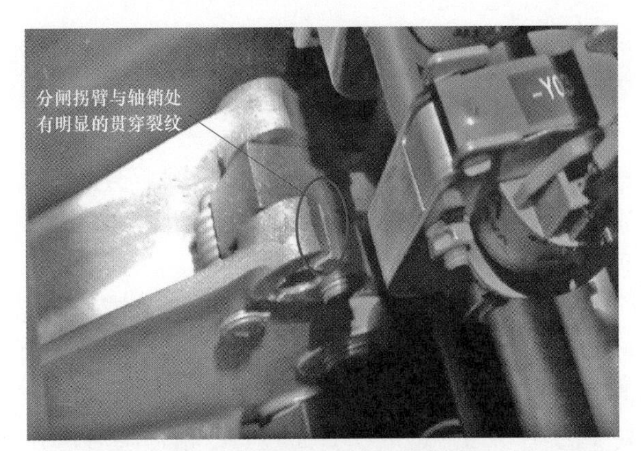

图 1　断路器 C 相机构拐臂

图 2　脱落的轴销及弹性卡销

图 3　脱落的轴销的安装位置

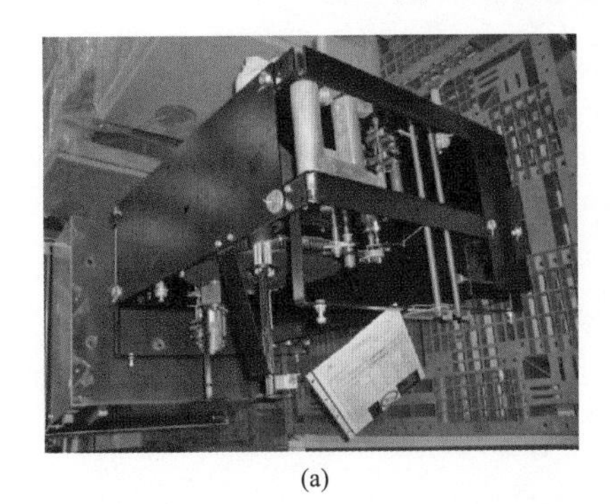

(a)

(b)

图 4　新机构

（a）新机构整体；（b）新机构连杆

（2）机构主轴上的合闸保持机构拐臂连接轴销一侧弹性卡销（断路器极柱侧）卡槽制造、加工不规范，卡槽深度不均匀（最深处达 1mm，最浅处 0.2mm），一侧弹性卡销（断路器极柱侧）受力后、脱落。

（3）机构内部机械联动部件出现变形移位，致使合闸后合闸保持机构拐臂连接轴销受力不均匀，拐臂上的轴销一侧（断路器极柱侧）受力过大，致使轴销上的弹性卡销被挤压崩掉，轴销脱落。

鉴于以上原因，合闸保持机构拐臂连接轴销一侧弹性卡销（断路器极柱侧）脱落，从而造成拐臂连接轴销位移。当 5022 断路器进行合闸操作时，由于 C 相机构主轴拐臂连接轴销位移过大（且现场掉落的轴销上能看到一条条明显的咬痕），拐臂连接轴销脱落，同时，由于合闸保持机构拐臂受力不均匀，造成拐臂断裂，C 相合闸后，分闸掣子不能可靠保持，随即分闸，开关非全相保护动作，A、B 相分闸。

4 监督意见

（1）加强设备出厂监造，开展装配前零部件的见证检查和关键装配工序及出厂试验的旁站监督。

（2）对现在运的同型号断路器，结合停电，检查是否存在此类缺陷。

案例 16　500kV 断路器储能电源电缆绝缘降低导致空气开关频繁跳闸

监督专业：电气设备性能　　监督手段：检修试验

监督阶段：运维检修　　问题来源：设备质量

1　监督依据

DL/T 1253—2013《电力电缆线路运行规程》、Q/GDW 1168—2013《输变电设备状态检修试验规程》、《国家电网公司电缆通道管理规范》（国家电网生（2010）637 号）第 130 条规定，电力电缆绝缘电阻值使用 500V 绝缘电阻表测试，最小不低于 1MΩ。

2　案例简介

2016 年 5 月 30 日，500kV 某变电站 500kV 断路器汇控箱断路器电动机储能空气开关跳闸，运维人员到现场进行复位，空气开关合后即跳闸，无法恢复。检修人员将储能电源至 A 相机构箱连接电缆（编号：A5，4×2.5 软芯电缆）全部拆除悬空后，用 500V 绝缘电阻表进行绝缘试验，1 芯（X01:23）、2 芯（X01:24）、4 芯（X01:26）三根缆芯的绝缘电阻值均为 0，3 芯（X01:25）缆芯的绝缘电阻值仅为 64kΩ。判断为电缆绝缘降低导致空气开关跳闸，为解决电动机储能电源问题，现场重新施放一根 4×2.5 电缆由 5042 断路器汇控箱至 A 相机构箱，替代原先的储能电源电缆，电缆施放完毕接入回路后进行电缆绝缘试验，结果合格，恢复汇控箱 A 相电动机储能空气开关正常运行。现场电缆安装情况如图 1 所示。

(a)

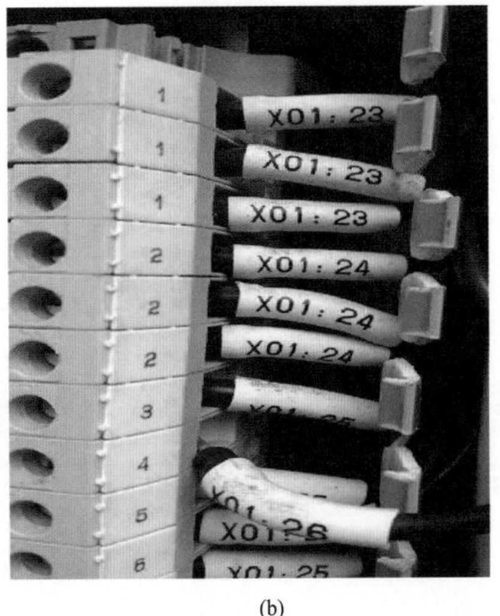

(b)

图 1　现场电缆安装情况

（a）连接电缆；（b）A 相机构箱端子接线

3 案例分析

3.1 现场试验

2016 年 7 月 1 日，运维人员就该站 500kV 设备区同批次开关储能、加热回路电缆绝缘降低导致空气开关跳闸的情况，进行全面的绝缘试验，共对 12 组共 36 台断路器（36 根电缆，144 根电缆芯）的交流储能电缆绝缘进行了测试，其中 13 台断路器的储能交流回路绝缘不符合要求，且部分电缆的绝缘电阻接近不合格值，绝缘整体状况较差。具体情况如表 1 所示（表中 1、2 号为加热回路的相线与中性线，3、4 号为储能回路的相线与中性线）。

表 1　　　　回路绝缘测量结果

测试间隔		1（MΩ）	2（MΩ）	3（MΩ）	4（MΩ）	是否合格
5011 断路器	A	11.7	12.0	104	760	是
	B	13.5	12.6	242	290	是
	C	12.3	12.5	80.6	780	是
5012 断路器	A	20.8	20.6	74	852	是
	B	22.6	22.3	272	760	是
	C	22.5	23.1	170	760	是
5013 断路器	A	54.0	53.3	130	514	是
	B	51.1	49.0	310	678	是
	C	47.9	45.6	45.3	362	是
5032 断路器	A	0.17	0.20	0.45	380	否
	B	104	405	12.2	783	是
	C	670	840	753	789	是
5033 断路器	A	8.3	9.2	78.0	752	是
	B	8.3	8.1	31.2	896	是
	C	11	11.2	17.2	512	是
5042 断路器	A	758	896	936	978	是
	B	6.0	601	346	278	是
	C	3.0	606	1.92	800	否
5043 断路器	A	1.54	932	2.67	978	否
	B	4.4	943	3.32	972	否
	C	0.61	976	0.30	859	否
5052 断路器	A	6.09	708	1.65	795	否
	B	12.1	708	0.17	972	否
	C	529	646	851	913	是
5053 断路器	A	25.0	24.5	26.5	870	是
	B	27	25	13	678	是
	C	0.45	—	—	929	否

续表

测试间隔		1（MΩ）	2（MΩ）	3（MΩ）	4（MΩ）	是否合格
5061 断路器	A	531	—	601	—	是
	B	24.2	431	53.0	523	是
	C	2.7	323	1.51	390	否
5062 断路器	A	7.6	323	5.5	254	是
	B	16.5	307	17.0	402	是
	C	0.92	272	0.37	353	否
5063 断路器	A	0.5	525	15.0	575	否
	B	3.7	675	0.30	677	否
	C	0.39	—	—	360	否

3.2　原因分析

经现场查看及分析，认为导致电缆绝缘降低的可能原因有：

（1）现场草坪维护翻土触动电缆所致。检修班组在现场根据电缆路径进行挖掘，下挖深度 40cm 左右，仍未接触到电缆，根据现场了解，翻土一般不会到达此深度，故不作为主要影响因素。

（2）基建施工时电缆穿管导致外皮受损所致，在现场观察发现电缆单独穿在一个口径约 40mm 的镀锌管中（见图 2），因此遭摩擦及受损的可能性也较小。

(a)

(b)

图 2　现场电缆外破情况

（a）电缆路径下挖；（b）穿缆镀锌管

（3）电缆本身质量存在问题。目前该站出现同类情况的事件已发生两次（5032 断路器、5061 断路器），都为同一原因，同一类型的电缆，故可能性较大。因此初步判断为电缆本身质量问题导致的本次故障。

4 监督意见

该变电站 500kV 断路器交流储能电缆多次出现因二次电缆芯绝缘下降导致的空气开关跳闸事件，交流储能电源电缆为断路器厂家自配电缆，电缆的工艺、质量不良，造成电缆芯绝缘不合格。为彻底解决此缺陷、消除回路隐患，建议对 500kV 断路器厂家自配的交流储能电缆进行更换。

案例 17　220kV 断路器继电器铁芯脱落导致断路器跳闸

监督专业：电气设备性能　　监督手段：检修试验

监督阶段：设备运维　　问题来源：设备制造

1　监督依据

GB 50147—2010《电气装置安装工程　高压电器施工及验收规范》第 7.2.4 条规定，选用的继电器等二次元件具有标准、稳定可靠、精度高、长寿命的特点。

《国家电网公司变电检修通用管理规定　第 2 分册　断路器检修细则》第 3.6.9.2 条规定，二次元器件无损伤，各种接触器、继电器、微动开关、加热驱潮装置和辅助开关的动作应准确、可靠，接点应接触良好、无烧损或锈蚀。

2　案例简介

2016 年 10 月 25 日，220kV 某变电站 220kV 2C37 断路器跳闸，后台发出断路器位置不对应和事故总信号。现场查看该断路器 K12 继电器，发现继电器铁芯及接线端子与外壳脱离。对非全相继电器 K7、中间继电器 K2、K12 进行现场更换，并恢复原始接线，继电器启动电压和动作时间检测合格，消除缺陷。

3　案例分析

3.1　现场试验

2016 年 10 月 25 日 16 时，220kV 某变电站 220kV 2C37 断路器跳闸，后台发出断路器位置不对应和事故总信号。对断路器机构箱进行检查，箱内元器件、端子排整洁干净，封堵正常，机构箱内无放电痕迹，无异味。

10 月 26 日，检修人员对机构内回路进行仔细检查，现场模拟单相故障合闸，经 2s 后非全相保护均能正确动作跳开三相，且后台能发出非全相动作信号。随即对非全相继电器 K7 进行了动作值校验，启动电压达 136V 时非全相时间继电器正确动作。对 2C37 断路器非全相保护出口继电器 K2 进行检测，测量该继电器线圈启动电压为 128V，线圈电阻为 42.3kΩ，正常。对 2C37 断路器进行开关特性试验，测得三相分闸动作时间均正常。

对断路器分闸控制回路进一步检查分析如下：

（1）2C37 断路器操作形式为三相电气联动，三相机构箱相互独立，事故中 2C37 断路器三相同时跳闸，因此可以排除机械故障。能够导致三相同时跳闸的，只有公共回路和 K12 继电器的三相常开触点，涉及的元器件有非全相继电器 K7、非全相跳闸出口继电器 K2、二跳回路中 K12 继电器。

（2）对 2C37 断路器非全相保护回路进行全面检查、校验。2C37 断路器非全相保护继电器 K7 外观、接线、触点完好，无放电痕迹，回路接线正确、可靠，将 K7 解体分别检查，各部分清洁、完好。用 500V 绝缘电阻表测得回路绝缘电阻为 65MΩ，测得 K7 各接点绝缘电阻：动合触点 15 对地绝缘电阻为 8.7MΩ，动合触点 18 对地绝缘 300MΩ，接点 15～18 间绝缘电阻大于 550MΩ；K7 继电器上端信号接点 25 对地绝缘电阻为 7.4MΩ，28 对地绝缘电阻为 10MΩ，25～28 间绝缘电阻大于 200MΩ；K7 线圈 a 端对地绝缘电阻为 11MΩ，b 端对地绝缘 8.5MΩ，线圈电阻为 43kΩ。再次用保护校验仪测得 K7 启动电压 134V，动作时间 2.01s。各项检查、试验结果显示均正常，非全相保护动作测试中，后台可正常发出非全相动作信息。检查、校验结果表明 2C37 断路器非全相保护功能正常。

（3）对非全相保护出口跳闸继电器 K2 进行再次检查、校验。继电器 K2 外观、接线、触点完好，无放电痕迹，卡扣、透明护罩完好无损坏。用保护校验仪测得 K2 继电器启动电压为 129V，用 500V 绝缘电阻表测得 K2 继电器线圈 a 端对地绝缘电阻为 300MΩ，b 端对地绝缘电阻为 8.2MΩ，三对常开触点绝缘电阻均大于 550MΩ，测得的数据均在正常范围内。

（4）现场查看 K12 继电器，发现继电器铁芯及接线端子与外壳脱离 K12 外壳脱离如图 1 所示。查阅断路器机构控制回路图，K12 继电器并未使用，其线圈 B 端子（负电源端）用绝缘胶带缠绕。但该继电器的三对接点仍接于跳闸回路中，如该三对接点接通，仍会造成断路器 A、B、C 三相同时跳闸。断裂扎带如图 2 所示；保护罩如图 3 所示；继电器铁芯如图 4 所示。

图 1　K12 外壳脱离

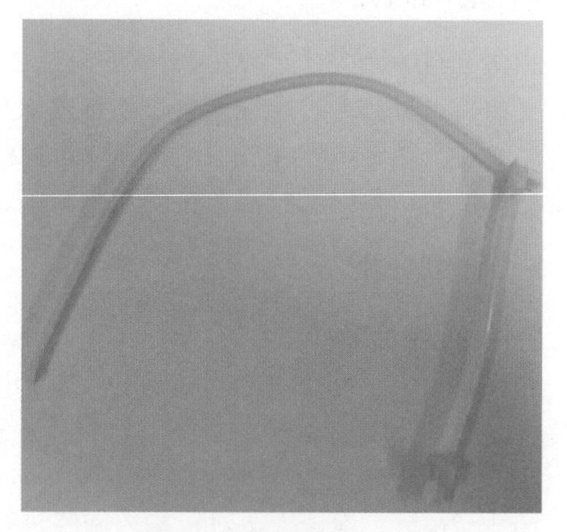
图 2　断裂扎带

图 3　保护罩

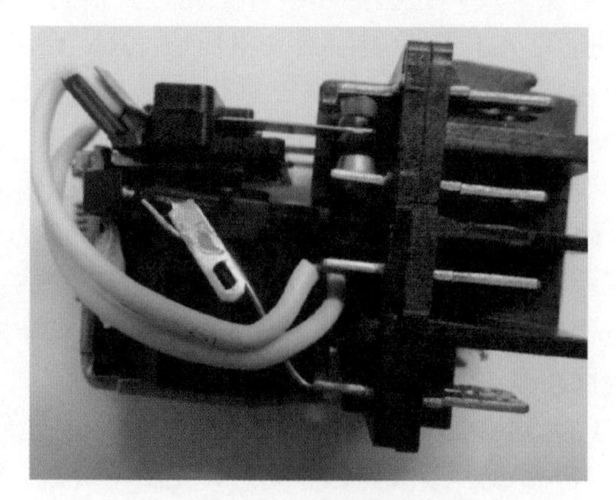
图 4　继电器铁芯

对 2C37 断路器的非全相继电器 K7、中间继电器 K2、K12 进行现场更换，并恢复原始接线。同步对新换的 K7、K2、K12 继电器进行启动电压和动作时间的检测，均合格。

3.2　原因分析

K12 继电器外壳同铁芯原先已发生脱离，因该继电器实际未使用，工作人员用胶带对该继电器进行了绑扎处理，绑扎 K12 继电器的扎带因使用年代较长，加之地区近日长期阴雨，气温骤降，发生断裂，从而造成继电器铁芯脱落，脱落瞬间 K12 继电器中三副接点瞬间闭合，启动 2C37 断路器跳闸线圈，造成跳闸。在现场做好安全措施后，进行现场故障模拟，并让继电保护人员在控制室监测后台信号，在故障模拟中，2C37 断路器三相同时跳闸，保护后台发出三相位置不对应和事故总信号，与事故当天现象一致，因此确定本次事故原因为 K12 继电器损坏引起三相同时跳闸。

4　监督意见

（1）开展对同类型的断路器继电器进行排查，检查是否存在类似隐患。

（2）该断路器运行超过 16 年，其汇控柜内的继电器挂在机构上，致使其抗振动、抗干扰能力较差，继电器极易在断路器动作振动下发生偏移，存在极大的误动风险，应对该型号断路器进行全面排查，重点检查继电器在机构箱内的固定情况。

案例18 220kV断路器分合闸线圈制造工艺缺陷导致控制回路断线

监督专业：电气设备性能　　监督手段：检修试验
监督阶段：设备运维　　问题来源：设备制造

1 监督依据

GB 50147—2010《电气装置安装工程　高压电器施工及验收规范》第7.2.4条规定，选用的继电器等二次元件具有标准、稳定可靠、精度高、长寿命的特点。

Q/GDW 11244—2014《SF_6断路器检修决策导则》表4规定，二次回路接触不良，连接螺栓松动，应立即进行B类检修。

《国家电网公司变电检修通用管理规定　第2分册　断路器检修细则》第3.9.2条规定二次接线排列应整齐美观，二次接线端子紧固。

2 案例简介

2014年6月2日，220kV某变电站2859断路器（见表1）在合位，后台发出第二跳闸回路控制回路断线信号。现场检查开关第二跳闸回路，发现X0－16端子电压为－110V，X0－13端子电压为＋110V，判断分闸线圈Y2两端接线接触不良，打开机构箱控制元件侧面板，发现分闸线圈Y2插接式接头松动，按压插接式接头，信号恢复正常。

表1　　2859断路器基本信息

运行编号	2859	产品型号	LTB245E1－1P
操动机构型号	BLK222	出厂日期	2013.11
投运日期	2014.5	出厂编号	1360442219－03

3 案例分析

断路器分闸2回路采用的插接式接头，制造工艺存在缺陷，插接孔与插接头不匹配且未采用带自锁功能的元件，当断路器多次分合闸操作后，受振动影响，造成插接式接头退位、松动，接头接触不良，回路断线。

此型断路器分闸1、分闸2、合闸线圈两端接线方式均采用插接式连接方式（见图1～图5），因插接式接头存在上述隐患，当断路器在合位，系统故障时，若分闸1、分闸2回路出现异常，则断路器拒分，且断路器在合位时，后台无法监控合闸回路，若断路器分闸后，此时合闸线圈插接式接头受振动影响，接触不良，则断路器无法自动重合闸，给电网安全可靠运行带来严重威胁。

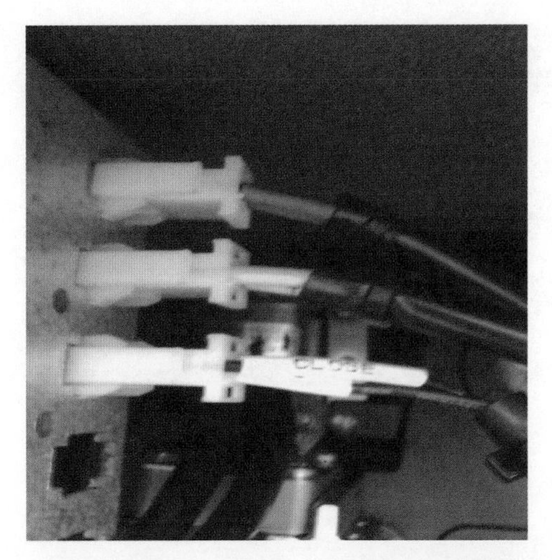

图 1　分闸 1、分闸 2、合闸线圈两端接线

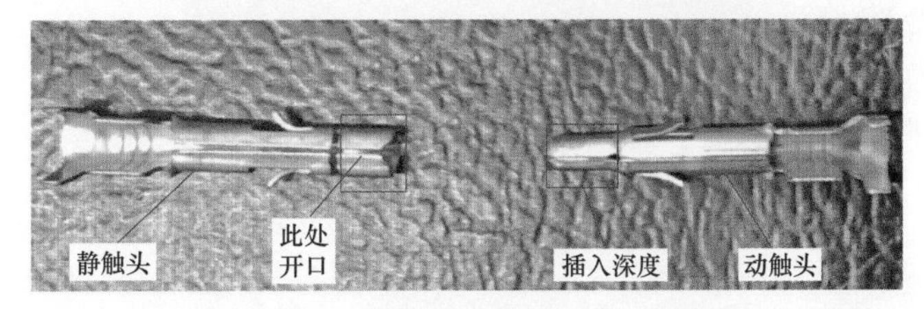

图 2　动、静触头未插入前结构图片

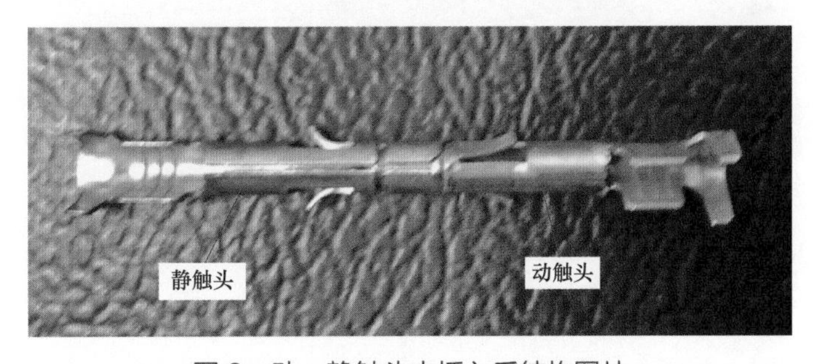

图 3　动、静触头未插入后结构图片

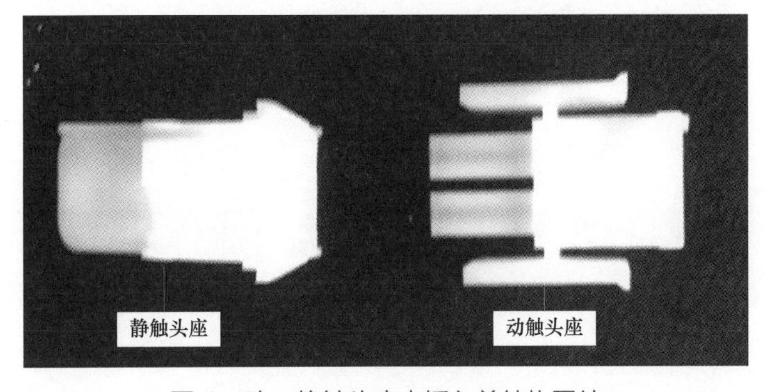

图 4　动、静触头座未插入前结构图片

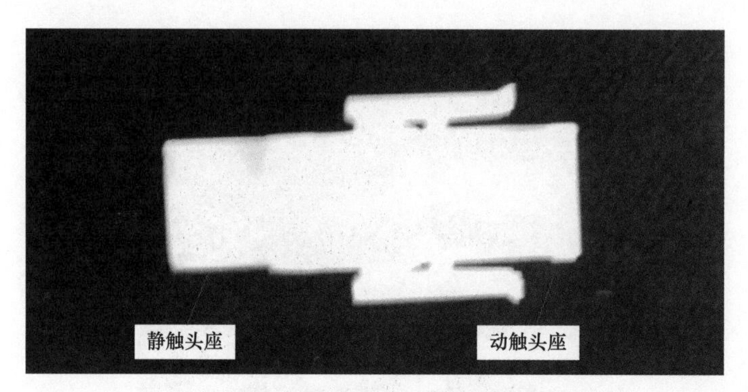

图5　动、静触头座未插入后结构图片

4　监督意见

（1）要求设备厂家应从产品设计阶段进行改进，将插拔式接头改为固定式或自锁式接头，从源头消除设备缺陷。

（2）把好投运前技术监督关口，严防设备带隐患投入运行。

（3）全面梳理在运行的该型号断路器，检查是否存在上述隐患，并有计划地开展消缺工作。

案例 19　220kV 断路器分闸脱扣轴销材质不良导致拒分

监督专业：电气设备性能　　监督手段：检测试验
监督阶段：运维检修　　问题来源：设备制造

1　监督依据

《国家电网公司十八项电网重大反事故措施》第 12.1.2.7 条规定，220kV 及以上断路器，合—分时间应符合产品技术条件中的要求，且满足电力系统安全稳定要求。

《国家电网公司变电检修通用管理规定　第 2 分册　断路器检修细则》第 3.6.6.2 条规定，卡、销、螺栓等附件齐全无松动、无变形、无锈蚀，转动灵活连接牢固可靠，否则应更换。

2　案例简介

2015 年 10 月 14 日，某变电站 220kV 断路器由运行转热备用，监控远方操作后，后台发出“非全相保护动作、断路器 TWJ 异常、保护装置告警”等信号；00 时 23 分，该断路器 A、B 两套智能终端操作电源断电信号，运行人员现场检查发现 A、B 两套智能终端柜内操作电源空气开关跳开，试送 2 次均未成功，检查开关实际状态时发现 A、B 两相断路器已分开，C 相断路器仍在合位，三相断路器储能指示均正常，两套智能终端断路器位置指示灯与实际一致，C 相合位灯亮。检修人员发现 C 相机构箱内断路器两套分闸线圈烧毁，有明显的烧毁现象和较浓的焦糊味，随后更换线圈并对脱扣系统的销轴、保持掣子等转动部位喷涂了润滑剂，机构恢复正常。

3　案例分析

3.1　缺陷经过

检修人员准备更换分闸线圈时，手动将 C 相断路器进行分闸，但现场检查发现分闸挚子与分闸脱扣器小滚轮已脱离，手动进行机械脱扣分闸未成功（见图 1）。再次检查分闸脱

图 1　分闸挚子与分闸脱扣器小滚轮已脱离，但无法分闸

扣器确已与分闸掣子分离，但分闸脱扣器仍勾住分闸止位销，断路器无法分闸。随后将分闸掣子复位，插入防脱扣轴销后，对分闸弹簧拉杆加长（一圈）后再手动脱扣仍未成功，对机构分闸系统内轴承轴套进行润滑后再次脱扣也未成功。判断驱动拐臂轴承可能有卡涩，考虑断路器在带电合闸状态，还原分闸拉杆原长度，汇报调度隔离设备后等待厂家现场处理。主、辅分闸线圈烧毁情况如图 2 所示。

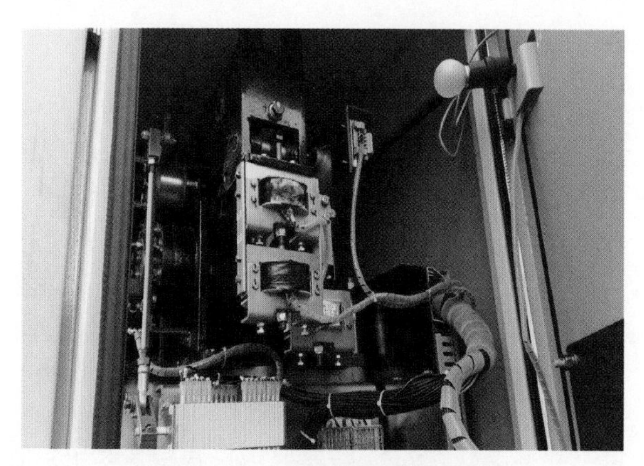

图2　主、辅分闸线圈均烧毁

厂家技术人员现场检查外观未发现明显异常，触动分闸顶杆，开关随即分闸，检查分闸掣子及分闸行程内所有驱动设备外观无明显磨损痕迹（见图 2）。更换主、辅分闸线圈后，对该断路器机构进行特性试验检查，合闸最低脱扣电压 DC 90V，分闸 1 最低脱扣电压 DC 90V，分闸 2 最低脱扣电压 DC 90V。

3.2　原因分析

3.2.1　分闸原理

图 3 为机构保持在合闸位置时的受力示意图，当机构接到分闸信号时，电磁铁撞杆向上运动，锁闩受到相反的力，从而打破受力平衡，实现分闸脱扣。现场状态如图 4 所示。

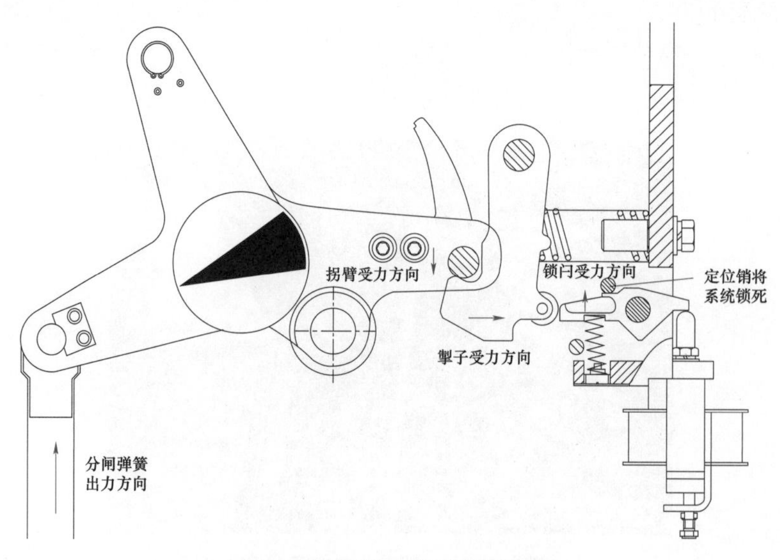

图3　脱扣系统工作原理示意图

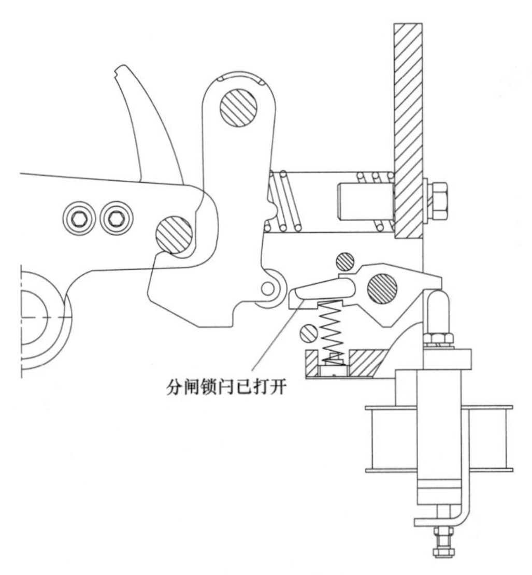

图 4　现场机构状态

正常情况下，当分闸锁闩打开后，分闸掣子应逆时针旋转，打开分闸脱扣，现场分闸锁闩已打开，仍无法自行脱扣。图 5 为保持掣子受力示意图。

正常情况下 F_2 非常小，所以 F_1 与 F_2 的合力方向基本与 F_1 重合，再加上力臂的存在，掣子就受到一个逆时针的转矩，此转矩被 F_3 与 F_4 的合力抵消，从而使掣子达到平衡。现场的锁闩已打开，即图中的 F_4 去掉后掣子仍处于平衡状态。由此可以判断，可能是图中 F_2 可能出现了异常增大的情况或保持掣子压力角（F_1 角度）有变化，造成断路器无法分闸。图 6 为故障状态所示。

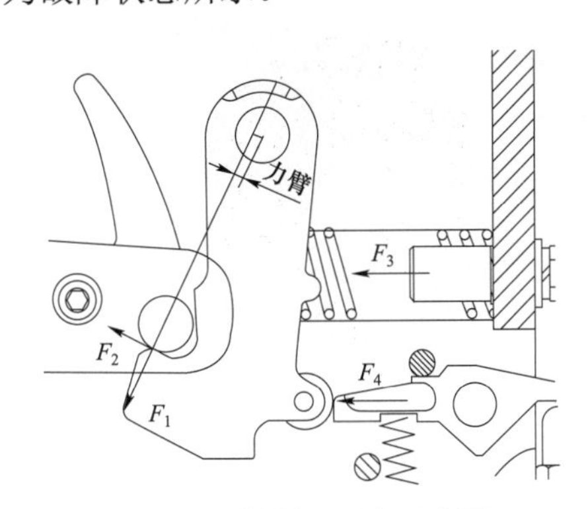

图 5　保持掣子受力示意图

F_1—拐臂对掣子的压力，是掣子受到的最大力源；F_2—拐臂的转动轴与掣子间的摩擦力，因轴上装有轴承，此力应为滚动摩擦力，应该非常小；F_3—掣子复位弹簧力；F_4—锁闩的反作用力

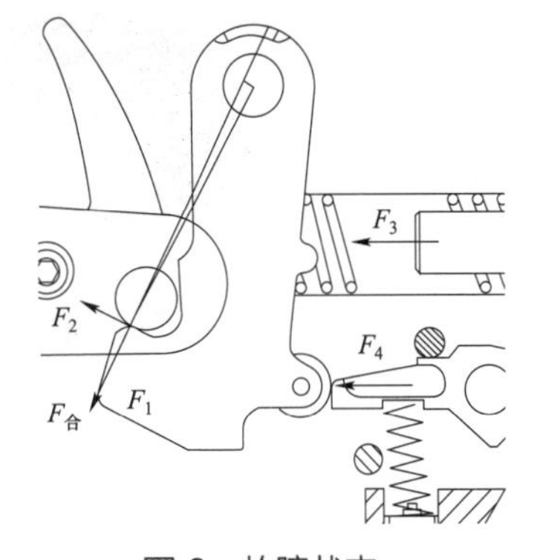

图 6　故障状态

综上所述，分析认为，机构分闸异常只可能是脱扣销轴及其轴承存在脱扣力增大，或分闸保持掣子压力角变形导致，遂对脱扣销轴和轴承返厂检测（见图 7）。

3.2.2　零部件检测结果

通过检测，销轴的尺寸和表面质量及硬度均合格，保持掣子的硬度和“钩子”尺寸均合格，唯一超差的是保持掣子的安装孔，图纸要求ϕ（20+0.033）mm，实测尺寸为ϕ20.052mm，

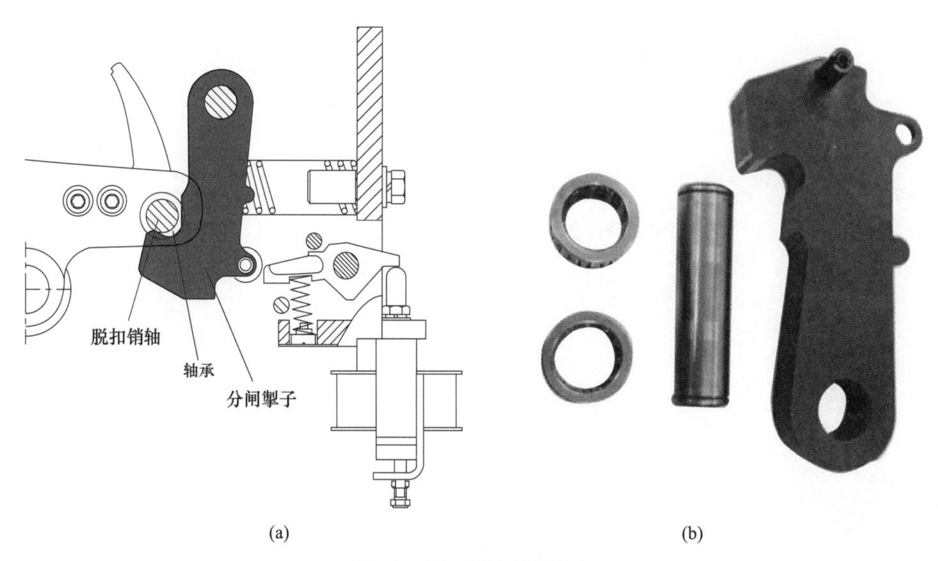

(a) (b)

图7 返厂检测零部件

（a）结构图；（b）实物图

超设计值 0.019mm，经计算，对脱扣力增大有一定影响，但此超差不足以导致拒分现象发生，而该机构的润滑不良，导致了脱扣系统无法顺利脱扣。

3.3 处理方案

利用巡检机会对所使用的该类型机构进行润滑处理，维持产品在一个良好的状态。

利用停电检修机会，更换销轴处的轴承，如图 8 所示。

(a) (b)

图8 轴承

（a）国产轴承；（b）进口轴承

因为销轴转动的灵活性对脱扣系统影响非常大，原国产轴承［见图 8（a）］的成本低，在转动灵活方面和质量稳定性方面稍差，进口 IKO 轴承［见图 8（b）］，质量较好，切有外圈，可以保证转动灵活，不易形变，保证了稳定性。因此更换该轴承有利于产品质量的提高和可靠性的提高。

4 监督意见

充分利用技术监督手段，加强同类型断路器入网前的监造、检测及交接验收把关，切实避免由于设备本质化问题造成严重电网异常事件发生。

案例 20 220kV 断路器非全相继电器误动导致跳闸

监督专业：电气设备性能　　监督手段：验收试验

监督阶段：设备验收　　问题来源：设备制造

1 监督依据

《交流高压开关设备技术监督导则》（国家电网企管〔2014〕890 号）第 5.7.3 e）条："4）安装完毕后，应对断路器二次回路中的防跳继电器、非全相继电器进行传动，并保证在模拟手合故障时不发生跳跃现象。9）断路器防跳继电器、非全相继电器的安装应能避免振动造成的影响，不允许采用挂箱方式安装在断路器的支架上，应独立落地安装或装在汇控柜内。10）断路器防跳保护应采用断路器机构防跳回路。"

《国家电网公司十八项电网重大反事故措施（2012 版）》第 15.2.12 条规定，防跳继电器动作时间应与断路器动作时间配合，断路器三相位置不一致保护的动作时间应与其他保护动作时间相配合。

2 案例简介

220kV 某变电站 2840 断路器为气动机构，运行年限 18 年，多次出现频繁打压、密封不良、端子排锈蚀、二次线老化等问题。2015 年 6 月 17 日，2840 断路器跳闸，后台发出"非全相保护动作"信号。检查分析认为非全相继电器动作电压过低，在外部干扰电压的作用下发生异常动作，导致断路器跳闸。随后更换了非全相继电器，并对更换后的开关做分合闸时间、机械特性、低电压、同期等试验，试验数据均满足要求。断路器基本信息如表 1 所示。

表 1　断路器基本信息

运行编号	2840 断路器	出厂日期	1997 年 4 月
产品型号	LW15—252	出厂编号	028
机构类型		气动	

3 案例分析

3.1 设备检查情况

2015 年 6 月 17 日，2840 断路器跳闸后，运维人员现场检查，发现无保护动作信号，后台只有非全相保护动作信息。现场检查开关本体，其空气压力为 1.55MPa，SF_6 气体压力为 0.6MPa，正常。A 相断路器机构箱内密封良好，无渗漏积水现象，箱内加热回路完善，加热器正常工作。二次回路、元器件外观正常，无焦糊味，无烧损现象。

3.2 保护及后台检查情况

7 时 35 分 52 秒，保护装置显示非全相保护启动，7 时 35 分 52 秒 272 毫秒，2840 断路器非全相保护动作，断路器跳闸。故障图显示非全相继电器动作前，三相电流正常，并非缺相运行导致三相不一致继电器动作跳闸。

3.3 现场试验检查情况

根据现场设备外观检查及保护动作情况，检修人员对机构内回路进行仔细检查。发现在正常运行情况下，加在非全相时间继电器线圈两端电压为7.2V。现场模拟在空压机打压过程中，交流回路对非全相时间继电器干扰仅为0.02V，可排除交流电源窜入直流回路影响。

现场模拟单相故障跳闸，经2.2s后非全相保护均能正确动作跳开三相，随即对非全相时间继电器进行了动作值校验，非全相时间继电器动作正常。

对非全相时间继电器加压试验，模拟非全相继电器启动，具体动作值如表2所示。

表2　非全相继电器启动具体动作值

型号	动作电压（V）	动作时间（s）
CT－MFE	12	2.2

3.4 原因分析

进一步分析，2840断路器非全相时间继电器启动电压过低，仅为12V，在受到细微电压干扰波动的情况下容易启动；故障当天空气湿度较大，全站直流回路母线电压发生少许波动，为+105V、－121V，压差为16V，属正常范围。因机构箱内二次回路分布电容发生变化，引起非全相继电器线圈电压波动，达到12V启动电压，导致非全相继电器启动。

3.5 处理手段

更换2840断路器非全相时间继电器，其启动电压及动作功率满足在额定直流电压的55%～70%范围内，动作功率不低于5W的要求。对更换后的断路器做分合闸时间、机械特性、低电压、同期等试验。试验数据均满足要求后对断路器进行了传动验收（见表3），投入运行后运行良好。

表3　更换断路器的具体动作值

型号	动作电压（V）	动作时间（s）
CT－MFE	140	2

4 监督意见

（1）对该类型开关非全相继电器排查，确保满足非全相继电器的中间继电器动作电压在额定直流电压的55%～70%范围内，并要求动作功率不低于5W。

（2）设备验收阶段，应严格开展各项检查和试验，把好投运前技术监督关口。

案例 21　110kV 断路器极柱组装工艺不良导致气体泄漏

监督专业：电气设备性能　　监督手段：专业巡视
监督阶段：运行阶段　　问题来源：设备制造

1　监督依据

Q/GDW 1168—2013《输变电设备状态检修试验规程》第 5.8.1.2 条：巡检说明 b）规定，气体密度值正常。

2　案例简介

2013 年 3 月现场巡检，110kV 某变电站 934 断路器 A 相压力下降至 0.49MPa，该设备额定压力为 0.60MPa。随后现场补气至 0.62MPa 运行，并加强跟踪。3 月 28 日该断路器再次发报警信号，为排除压力表问题的可能，现场进行压力表校验，结果正常。开展 SF_6 气体泄漏检测，发现该断路器 A 相极柱底部法兰与瓷套结合密封处有气体泄漏现象。现场更换了新密封圈并将气室粘合密封，抽真空处理后，对断路器补气至 0.60MPa，再次开展泄漏检测，无异常。934 断路器基本信息如表 1 所示。

表 1　934 断路器基本信息

运行编号	934 断路器	出厂日期	2007.03
产品型号	3AP1－FG	出厂编号	01/K40002443

3　案例分析

3.1　现场试验

2013 年 3 月，现场巡视发现 934 断路器 A 相 SF_6 气体压力为 0.49MPa，压力降低，采用 SF_6 气体检漏仪对断路器全方位检测，发现断路器 A 相极柱底部法兰与瓷套结合密封处有微渗现象（见图 1），随后补气至 0.62MPa。

2013 年 4 月 3 日，对 934 断路器进行处理。打开断路器 A 相气室发现气室密封圈有腐蚀现象，在腐蚀处有细小的颗粒物存在（见图 2）。

将 A 相气室粘合密封面进行打磨清除腐蚀物，并用无水乙醇彻底清洗，更换新密封圈将气室粘合密封。

气室密封后连同 B、C 相气室进行抽真空至 1mbr 保持 1 小时干燥处理，并观察压力无变化后冲入 SF_6 新气至 0.61MPa。对处理后的断路器气室检漏，无泄漏现象。

3.2　原因分析

经分析认为 A 相气室在组装时密封结合面清洁不彻底（见图 3），瓷质与橡胶粘合面上有细小的杂质（大多是在粘合面的外围）。在长期运行中由于水分的作用，密封圈的外围开始受到腐蚀并不断向内腔发展，最终破坏气室密封，导致 SF_6 气体泄漏。

图1　检漏仪现场发现泄漏

图2　橡胶粘合面上有细小的杂质

(a)

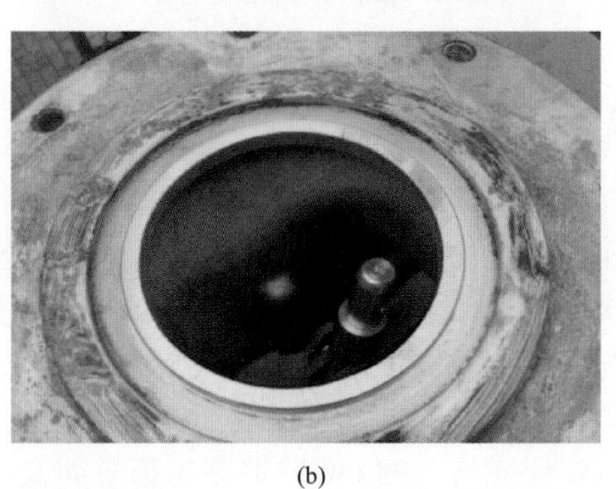

(b)

图3　密封结合面清洁不彻底

（a）上结合面；（b）下结合面

4　监督意见

结合 SF_6 气体压力在线监测系统和每年的专业带电检测巡视，加强对设备的监视与记录，对出现过漏气补气的间隔要加强监视，缩短检查周期。

加强断路器类设备监造工作，对关键节点应到场监造，对厂家生产工艺，环境状况，出厂试验应严格把关。

第3章　隔离开关

案例 22　220kV 隔离开关触头座设计不合理导致无法分闸

监督专业：金属监督　　监督手段：金属检测

监督阶段：设备运行　　问题来源：设备制造

1　监督依据

Q/GDW 11074—2013《交流高压开关设备技术监督导则》第 5.9.5 条规定，对隔离开关应重点监督以下内容：3）操动机构：分合闸操作应灵活可靠，动静触头接触良好。4）传动部分：传动部分应无锈蚀、卡涩，保证操作灵活；操作机构线圈最低动作电压符合标准要求。

2　案例简介

2015 年 3 月 28 日，操作人员在对某 220kV 变电站 2 号主变压器 27022 隔离开关（见表 1）进行分闸操作过程中，发现 27022 隔离开关 A 相无法分闸。停电检查发展隔离开关触头座渗水导致触指复位弹簧锈蚀严重，弹簧力不足，隔离开关无法正常分闸（见图 1），更换隔离开关三相上导电臂后，恢复正常。

图 1　隔离开关触指未完全打开

表 1　　隔离开关基本信息

安装地点	某 220kV 变电站	运行编号	27022
产品型号	GW22A－252DII/2000	出厂编号	090545
出厂日期	2009.7		

3　案例分析

根据停电检查情况，分析认为导致隔离开关无法分闸的原因如下：

（1）隔离开关触头座防雨罩为橡胶材质，防雨罩与隔离开关动触头触指间用防水胶密封，随着运行年限的增长，橡胶材料老化，密封性能下降，隔离开关触头座内进水（见图 2）、锈蚀，导致触指与导电杆之间连接部位传动轴卡死（见图 3），隔离开关无法分闸。

（2）触头座的漏水孔设置在触头的中下部，设计不合理（见图 4），无法将触头座内的积水完全排出，同时在严寒天气下，漏水孔处结冰，将漏水孔封堵，漏水孔失去作用；触头座渗水造成隔离开关触指复位弹簧锈蚀严重（见图 5），弹簧力不足，无法正常分闸。

图 2　防雨罩内部的水滴

图 3　触指与导电杆之间连接部位传动轴卡死

图 4　触头座漏水孔设计不合理

图 5　隔离开关复位弹簧锈蚀严重

4　监督意见

（1）对该型号隔离开关进行专项全面排查，加强金属技术检测；

（2）结合技改大修工作，有计划的对该类型导电臂进行更换；

（3）加强运维管理，按计划进行巡视。

案例 23　220kV 隔离开关支柱绝缘子断裂导致严重安全隐患

监督专业：电气设备性能　　监督手段：验收检查
监督阶段：设备验收　　问题来源：设备制造

1　监督依据

GB 50147—2010《电气装置安装工程　高压电器施工及验收规范》第 8.2.4 条规定，支柱绝缘子不得有裂纹、损伤，并不得修补。

2　案例简介

2016 年 3 月 29 日，在进行某 220kV 变电站 220kV 安装隔离开关验收过程中，发现 220kV 某隔离开关 A 相下节支柱绝缘子上法兰根部断裂，进一步调查，发现厂家装货人员在搬运中不慎将数只绝缘子碰裂，遂将开裂的绝缘子用环氧树脂胶粘合，然后安装使用。

3　案例分析

3.1　现场检查

2016 年 3 月 29 日，在进行某 220kV 变电站 220kV 新装隔离开关的验收过程中，发现新装隔离开关 A 相支柱绝缘子出现倾斜（见图 1），检查发现 A 相支柱绝缘子上法兰根部断裂（见图 2），拆下断裂的绝缘子检查，发现绝缘子开裂处采用环氧树脂胶粘合。验收人员对其他未安装的隔离开关支撑绝缘子进行检查，发现部分隔离开关支撑绝缘子存在断裂后用环氧树脂胶粘合后使用的情况（见图 3）。

图 1　隔离开关支柱绝缘子出现倾斜

图 2　绝缘子与中间法兰胶装部位裂开

(a)

(b)

图3　开裂部位用环氧树脂胶粘合痕迹

（a）粘合前；（b）粘合后

3.2　原因分析

支柱绝缘子主要起到支撑隔离开关重量和承受隔离开关正常操作时所受到的外力的作用，因此对支柱绝缘子的抗弯强度有严格的规定，须经试验合格后，方可用于设备现场。但对断裂的绝缘子进行检查，发现绝缘子断裂处有明显用环氧树脂胶粘合的痕迹，有明显的人为痕迹，调查分析认为厂家装货人员在搬运中不慎将绝缘子碰裂，但担心受责罚，遂将开裂的绝缘子用环氧树脂胶粘合。

4　监督意见

设备验收时，应严格开展各项检查和试验，把好投运前技术监督关口，确保零缺陷投运。

案例24 220kV接地开关主拐臂接头材质不良导致断裂

监督专业：金属监督　　监督手段：金属检测
监督阶段：运维检修　　问题来源：设备制造

1 监督依据

DL/T 991—2006《电力设备金属光谱分析技术导则》。
GB/T 13298—1991《金属显微组织检验方法》。

2 案例简介

2012年7月23日，某220kV变电站220kV来宝线2C600扣环接地开关（来宝线2C603隔离开关附属接地开关，线路侧）主拐臂接头处扣环断裂，不能正常操作。对断裂的2C600扣环（见图1）开展金属检测，发现扣环由不锈钢铸造而成，铸造质量不高，内部存在较多显微缩松甚至缩孔缺陷，大大降低了其力学性能，操作受力出现断裂。

图1　断裂的2C600扣环

从生产厂家反馈的消息了解，同批次的接地开关已发生过多起类似事故。220kV来宝线2C600隔离开关基本信息如表1所示。

表1　220kV来宝线2C600隔离开关基本信息

安装地点	220kV某变电站	运行编号	220kV来宝线2C600接地开关
产品型号	GW7B－252DD（W）	出厂编号	K105751
额定电流	3150A	出厂日期	2010.7.6

3 案例分析

3.1 断口宏观检查及微分析

从2C600扣环断口裂纹的走向看，裂纹发源于图2中红圈的凹坑处，以凹坑为中心出现放射状剪切花样，呈现过载断裂特征。

将2C600扣环断口洗净、吹干后，置于EVO MA15电子扫描显微镜下观察其微观特征，断口边缘大部分区域呈沿晶断裂（见图3），存在二次裂纹，断口的裂纹源区存在枝晶状缩松（见图4）。

图 2　2C600 扣环断口宏观形貌

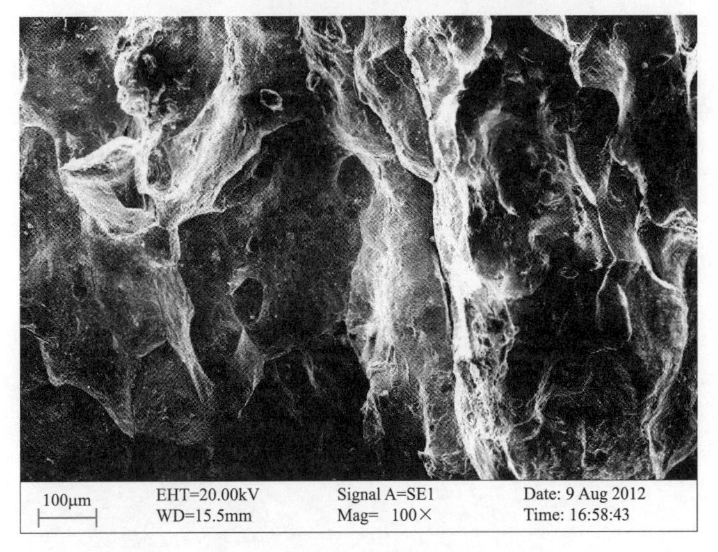

图 3　断口边缘的沿晶裂纹

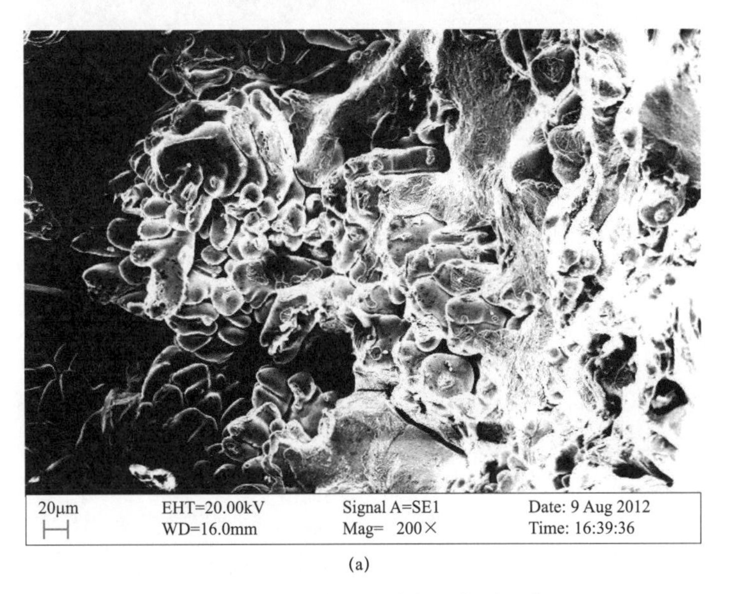

(a)

图 4　断口的枝晶状缩松形貌（一）

（a）形貌一

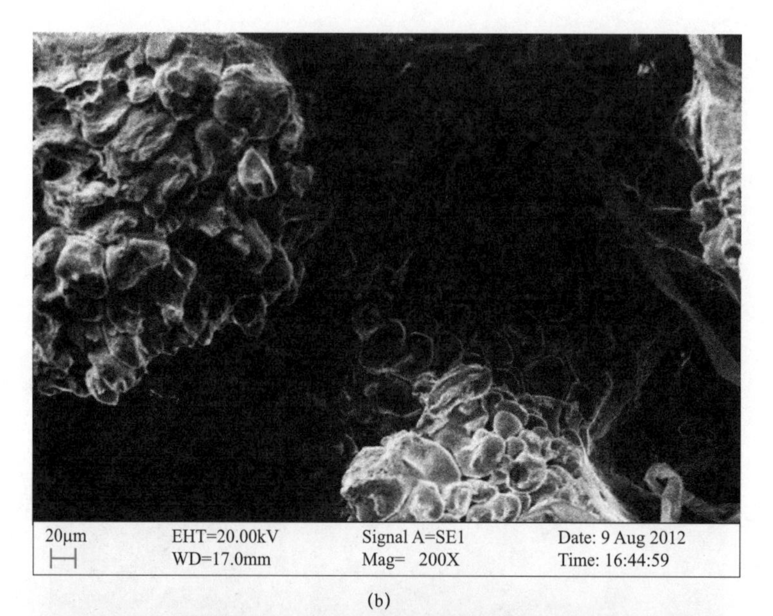

(b)

10μm
EHT=20.00kV
WD=17.0mm
Signal A=SE1
Mag= 500X
Date: 9 Aug 2012
Time: 16:49:10

(c)

图 4　断口的枝晶状缩松形貌（二）

（b）形貌二；（c）形貌三

3.2　金相检验

在 2C600 扣环（靠近断口）纵截面上截取金相试样，经过粗磨、细磨、抛光后，用 $FeCl_3$ 盐酸水溶液腐蚀，在 EVO MA15 电子扫描显微镜下观察其显微组织，发现在 2C600 扣环金相试样的观察面上存在不同程度的显微缩松，部分区域显微缩松严重，已形成缩孔缺陷，存在显微缩松的区域萌生了较多沿晶裂纹。扣环金相试样的抛光态组织如图 5 所示。

图 6 为扣环金相试样的显微组织，奥氏体基体上存在呈枝晶状分布的铁素体，构成奥氏体加铁素体两相组织；图 7 为显微缩松的 SEM 照片，显微缩松存在区域较广。图 8 为缩孔和沿晶裂纹的 SEM 照片。

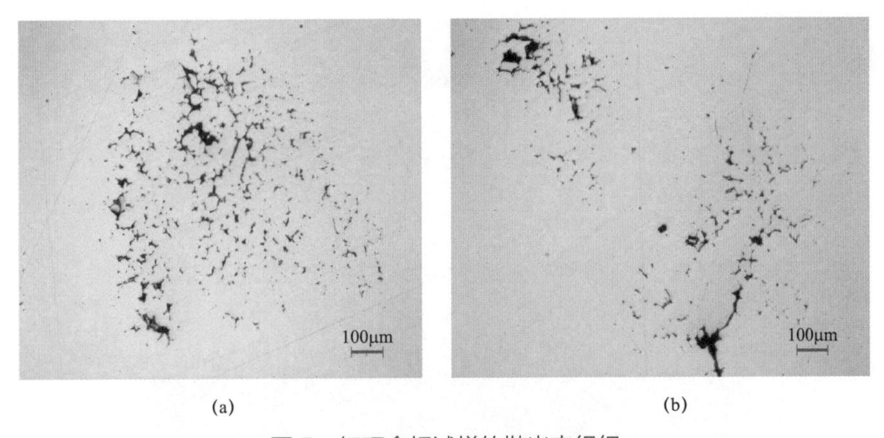

图 5　扣环金相试样的抛光态组织

（a）2C600 扣环（100×）；（b）C6030 扣环（100×）

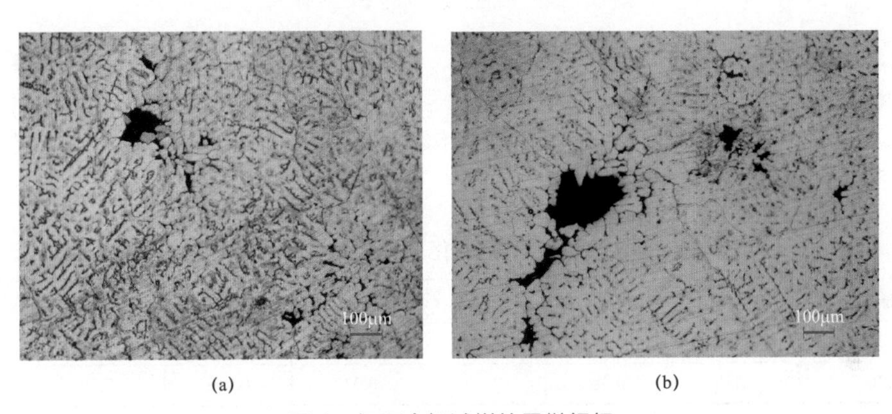

图 6　扣环金相试样的显微组织

（a）2C600 扣环（100×）；（b）C6030 扣环（100×）

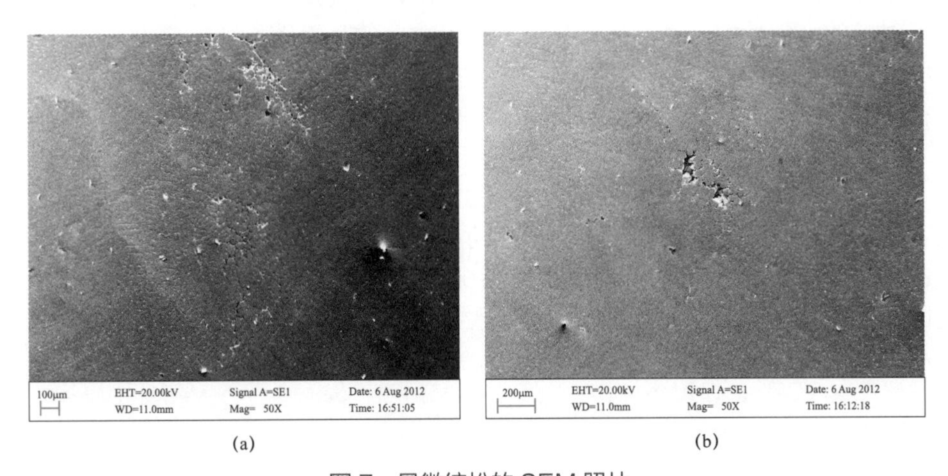

图 7　显微缩松的 SEM 照片

（a）2C600 扣环的显微缩松；（b）C6030 扣环的显微缩松

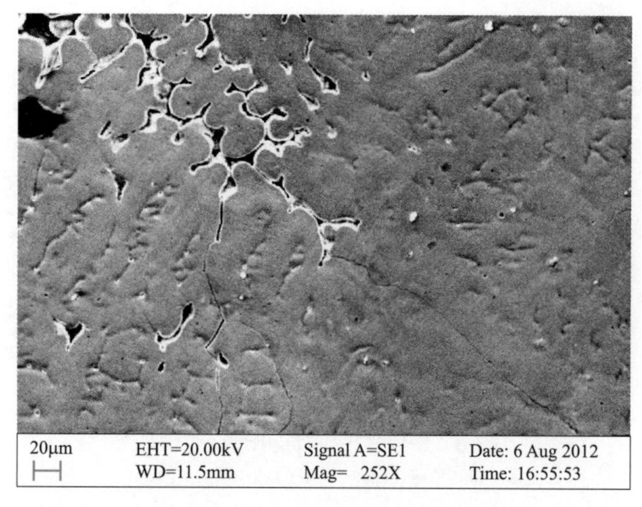

图 8 缩孔和沿晶裂纹的 SEM 照片

3.3 光谱检验

将 2C600 扣环表面打磨出金属光泽后，在 SPECTRO TEST 便携式光谱仪上对扣环材质进行检验，结果如表 2 所示。结合扣环的金相组织特征，可确定该扣环为不锈钢铸件，化学成分与 ZG1Cr18Ni9 相符。

表 2 送检扣环化学成分 (%)

扣环编号	C	Si	Mn	P	S	Cr	Ni
2C600	0.120	0.89	1.17	0.033	0.010	17.25	8.14
C6030	0.118	0.88	1.10	0.027	0.018	17.38	8.05

接地开关主拐臂接头处扣环由不锈钢铸造而成，铸造质量不高，液态合金凝固时补缩不足导致扣环内部存在较多显微缩松甚至缩孔缺陷，严重地割裂了合金基体的连续性，大大降低了材料的力学性能。当扣环动作时，沿晶分布的显微缩松处于应力集中状态，促使沿晶裂纹的形成并迅速扩展，导致扣环在较短的时间内即出现宏观裂纹并发生断裂。因此，扣环存在严重的显微缩松是导致扣环出现早期断裂的主要原因。

4 监督意见

从生产厂家反馈的消息了解到，同批次的接地开关已发生过多起类似事故，缩松缺陷的存在应该属于批次性的缺陷，因此建议集中对该批次存在隐患的扣环进行更换。

电网铸件容易存在缩松等铸造缺陷，导致铸造部件发生断裂失效，建议加强对入网铸件的内部质量的检验及监督。

案例 25　110kV 隔离开关弹簧松动导致触指异常发热

监督专业：电气设备性能　　监督手段：带电检测
监督阶段：运维检修　　问题来源：设备老化

1　监督依据

DL/T 664—2016《带电设备红外诊断应用规范》附录 A 表 A.1 规定：隔离开关刀口热点温度＞130℃或 $\delta \geqslant 95\%$，属危急缺陷。

2　案例简介

2016 年 2 月 4 日，运检人员对某 220kV 变电站进行红外测温时，发现 110kV 4023 隔离开关（见表 1）A 相发热严重，触指部位温度最高达 79.9℃，温差 70.9℃，相对温差为 97.26%，属于危急缺陷。

将 402 间隔转检修，对 4023 隔离开关 A 相发热处进行检查，发现 A 相触指夹紧弹簧夹紧力不够，触指与触头之间接触不良，存在放电间隙，进行回路电阻测试，A 相回路电阻值与上次测量相比增长较大且远大于其他两相。对 A 相触指进行打磨，对弹簧进行紧固后开展回路电阻测量，回路电阻值明显降低，三相恢复正常。

表 1　　4023 隔离开关基本信息

安装地点	某 220kV 变电站	运行编号	4023
型号	S2DAT－126	出厂日期	2005.8

3　案例分析

3.1　红外检测分析

2016 年 2 月 4 日，在进行某 220kV 变电站红外测温时发现 110kV 4023 隔离开关 A 相触指异常发热（见图 1），最高为 79.9℃，正常相 B 相相同部位温度为 9℃，其红外图如图 2 所示，参照体为温度 7℃，经计算相对温差为 97.26%，依据 DL/T 664—2016《带电设备红外诊断应用规范》判断为危急缺陷。考虑到该隔离开关属于主变压器间隔，随即申请将 2 号主变压器停电。4023 隔离开关红外检测数据如表 2 所示。

表 2　　4023 隔离开关红外检测数据

相别	参照体温度（℃）	表面温度（℃）	正常相温度（℃）	相对温差（%）	温差（℃）	缺陷性质	备注
A	7	79.9	9	97.26	70.9	危急缺陷	—
B	7	9	—	—	—	—	正常相

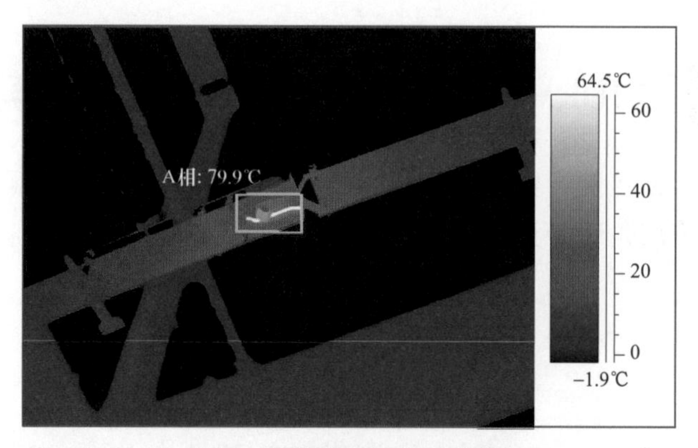

图 1　A 相隔离开关红外图

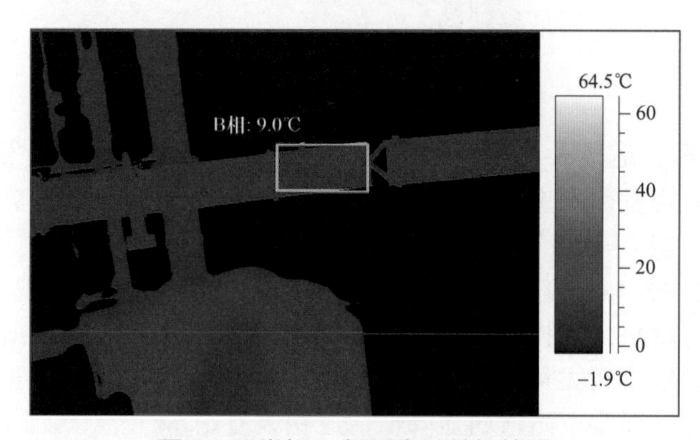

图 2　正常相 B 相隔离开关红外图

3.2　停电试验

2016 年 2 月 6 日，将 4023 隔离开关停电后，按照 Q/GDW 1168—2013《输变电设备状态检修试验规程》第 5.13.2.2 条规定，在红外测温发现异常后对隔离开关三相主回路电阻进行测量，测试发现 B、C 两相回路电阻值与上次相比有所增加，但不明显，A 相回路电阻值增长较大，如表 3 所示。

表 3　　4023 隔离开关检修前回路电阻测量数据

试验日期	设备相别	回路电阻（μΩ）	备注
2010.11.2	A	126	
	B	125	
	C	118	
2016.2.6	A	452	
	B	198	
	C	184	

3.3　检查情况与分析

从表 3 回路电阻测量数据可以看出，A 相隔离开关回路电阻有明显增长，结合红外测温情况，停电对 A 相隔离开关进行检查：

经检查 A 相触指处有放电灼伤痕迹，如图 3 所示。

经检查 A 相触指处夹紧弹簧力度不够，如图 4 所示。

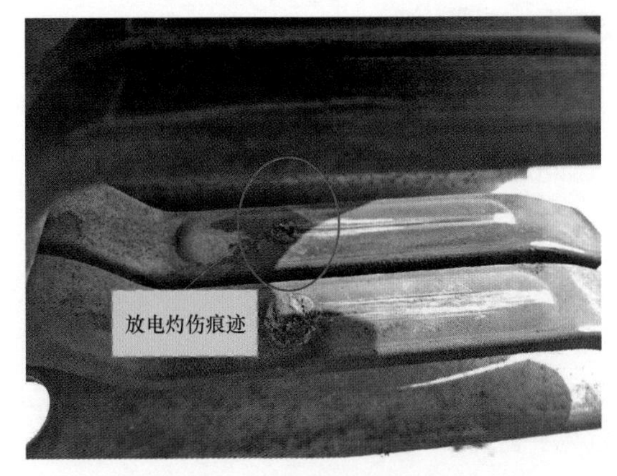

图 3 A 相隔离开关触指

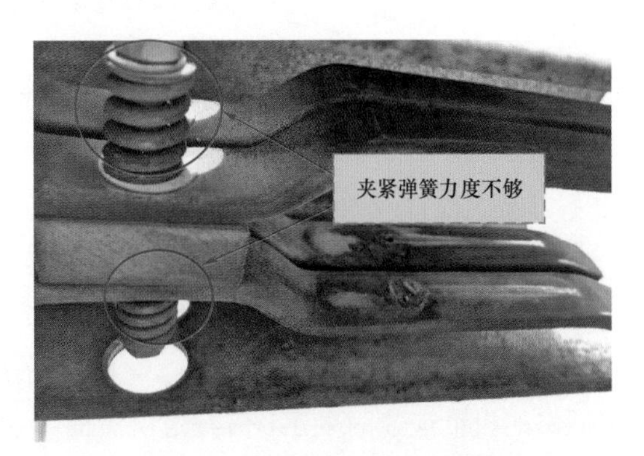

图 4 A 相隔离开关夹紧弹簧

由于 4023 隔离开关运行时间较长（11 年），弹簧性能发生变化，导致 A 相触指夹紧弹簧夹紧力不够，A 相触指与触头之间接触不良，致使回路电阻增大，在运行电流的作用下产生异常发热。

针对上述问题，运检人员进行了以下处理：对 4023 隔离开关 A 相触指进行打磨、清洗；对 A 相触指夹紧弹簧进行紧固；同时对 B、C 相触指进行检查，夹紧弹簧进行复查；对 4023 隔离开关进行多次合分，现场检查 4023 隔离开关三相接触良好。

处理后对 4023 隔离开关三相回路电阻进行复测，回路电阻明显降低，如表 4 所示。

表 4 4023 隔离开关检修后回路电阻测量数据

试验日期	设备相别	回路电阻（μΩ）	备注
2016.2.6	A	202	
	B	147	
	C	145	

4 监督意见

对运行年限过久的隔离开关设备，特别是主变压器间隔的隔离开关，应加强红外测温工作，对红外测温发现的一般缺陷也应结合停电进行检查消缺，把好检修关，避免在大负荷时引起缺陷升级。

案例 26　110kV 隔离开关导电杆接线柱接触不良导致转动轴烧断

监督专业：电气设备性能　　监督手段：设备检修
监督阶段：设备运行　　问题来源：设计、制造

1　监督依据

DL/T 486—2010《高压交流隔离开关和接地开关》中第 5.107.5 条规定，对隔离开关导电回路的设计应能耐受 1.1 倍额定电流而不超过允许温升。

2　案例简介

2014 年 4 月 8 日，某 110kV 变电站 110kV 5022 隔离开关（见表 1）C 相导电杆接线柱转动轴与软连接处连接螺钉松动，两者接触不良导致导电杆接线柱转动轴严重发热至烧断，5022 隔离开关 C 相引线连同线夹与 C 相闸刀本体脱落引发接地。

表 1　　5022 隔离开关基本信息

安装地点	某 110kV 变电站	运行编号	5022
产品型号	GW4－126DW		
出厂日期	2010.5		

3　案例分析

3.1　现场设备检查情况

现场检查发现，110kV 5022 隔离开关 C 相接线柱处，因温度过高导致导电杆接线柱转动轴烧断，5022 隔离开关 C 相引线连同线夹与 C 相隔离开关本体脱落，如图 1 所示。

图 1　5022 隔离开关 C 相引线脱落

图 2　5022 隔离开关 C 相主变压器侧导电臂和绝缘子跌落

现场解体检查发现，5022 隔离开关 C 相导电杆接线柱烧毁，导电杆脱落，旋转绝缘子破损，如图 2 所示。

3.2 原因分析

导电杆接线柱转动轴与导电杆软连接固定方式不合理，使用铁质十字螺钉旋具与铝制接线柱转动轴连接（见图 3），铁和铝膨胀系数不同，且紧固螺钉未加装弹簧垫片，致使螺钉固定深度和紧固程度均达不到标准要求，长期运行，螺钉易发生松动，在运行电流作用下，导致发热。

图 3　隔离开关软连接与接线柱连接处连接方式

综上所述，此隔离开关在设计、制造工艺及材质方面均有缺陷。

4 监督意见

对同型隔离开关的数量及生产投运日期进行排查核实，对于需检修的缺陷产品提前做好备品、备件。要求制造厂提供隔离开关导电杆接线柱转动轴改进结构后的相关型式试验报告，并对改进前隔离开关导电杆接线柱转动轴遗留的隐患提出防范措施及具体检修方案。

案例27 110kV隔离开关支柱绝缘子底部转动轴锈蚀导致分合不到位

监督专业：电气设备性能　　监督手段：设备检修
监督阶段：设备运维　　问题来源：设备制造

1 监督依据

GB 50147—2010《电气装置安装工程　高压电器施工及验收规范》。

2 案例简介

2016年11月15日，运检人员对某220kV变电站110kV 5731隔离开关（见表1）进行综合维检时，发现隔离开关分、合闸均不到位（见图1），而且在分、合过程中隔离开关动作阻力较大。经检查发现，隔离开关支柱绝缘子底部转动轴接触面已锈蚀，隔离开关动作时转动阻力增大，导致主刀分、合闸不到位。

表1　5731隔离开关基本信息

安装地点	某220kV变电站	运行编号	5731
产品型号	S2DA2T	出厂编号	A2134033
出厂日期	2008.6		

图1　隔离开关分、合闸不到位

3 案例分析

3.1 现场检修

打开隔离开关支柱绝缘子底部转动轴后，发现转动轴与尼龙轴套接触面之间锈蚀严重（见图2），接触面间的黄油已全部固化，检修人员对隔离开关支柱绝缘子转动轴生锈部位进行了打磨处理，更换了尼龙轴套，调试后隔离开关分、合闸均到位，操作正常。

图 2　隔离开关支柱绝缘子底部转动轴接触面锈蚀

3.2　原因分析

此隔离开关支柱绝缘子底座固定外套部分为铝材质，塑料轴套卡入铝外套中，外套与轴套结合较紧密，外套及轴套固定不转动。旋转转轴为碳钢材质，插入塑料轴套中，因转轴需要在轴套中旋转，转轴与轴套间有间隙，水分渗入后，碳钢表面逐渐锈蚀，轴套磨损，转轴与轴套间摩擦力逐渐增大，支柱绝缘子转动阻力大，难以正常旋转，隔离开关在长期高阻力下分、合，导致部分转动部位变形损坏，如主刀小拐臂连接板变形、主刀垂直连杆定位环断裂等。隔离开关绝缘子底座转轴、轴套、防雨罩如图 3 所示。

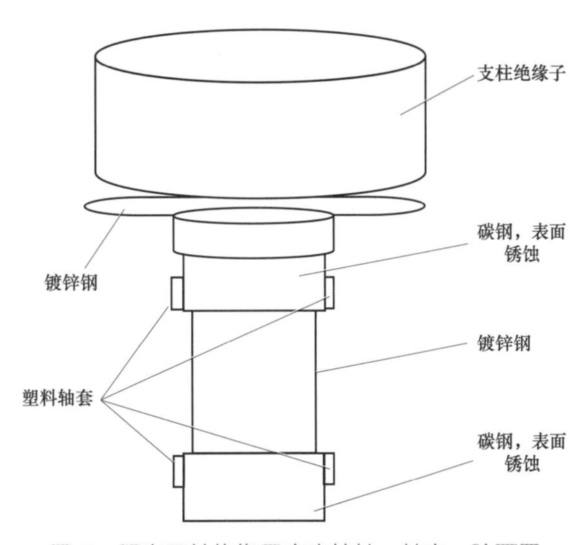

图 3　隔离开关绝缘子底座转轴、轴套、防雨罩

4　监督意见

对该批次型号 110kV 隔离开关支柱绝缘子转动轴进行排查，并进行大修消缺处理。

第4章　组合电器

案例28 1000kV隔离开关附属接地开关传动轴密封不良导致GIS漏气

监督专业：变电检修　　监督手段：专业巡视

监督阶段：运维检修　　问题来源：施工工艺

1 监督依据

《国家电网公司变电检测通用管理规定　第40分册　气体密封性检测细则》中气密性检测诊断判据规定，① 定量检漏：年漏气率≤0.5%/年或符合设备技术文件要求；② 定性检漏无漏点：采用校验过的 SF_6 气体定性检漏仪沿被测面大约25mm/s的速度移动，检测无泄漏点，则认为密封良好，设备解体检修时也可以抽真空检漏进行检测，或用肥皂水（泡）对被测面进行密封检测。

2 案例简介

2015年3月30日，某1000kV特高压变电站运维人员通过1000kV GIS设备 SF_6 在线监测装置、现场巡视压力对比发现T0312隔离开关C相气室存在缓慢泄漏情况，及时上报一般缺陷，并每日跟踪其实压力值，当时压力值约0.40MPa，其他相压力值为0.42MPa。2015年11月8日左右，气体泄漏速度加快，截至12月6日，气室压力为0.36～0.37MPa，已越线低于额定压力0.40MPa。按照目前泄漏速度，推测一个半月左右会接近告警值0.36MPa。12月8日，某变电站组织运维人员使用现场配置的 SF_6 检漏仪对T0312隔离开关（见表1）C相气室进行检漏作业，成功定位该设备泄漏部位为T0312隔离开关C相附属接地开关机构箱与GIS连接处（见图1）。根据《国家电网公司变电检测通用管理规定　第40分册　气体密封性检测细则》气密性检测诊断判据定量、定性判据分析为GIS气室漏气。

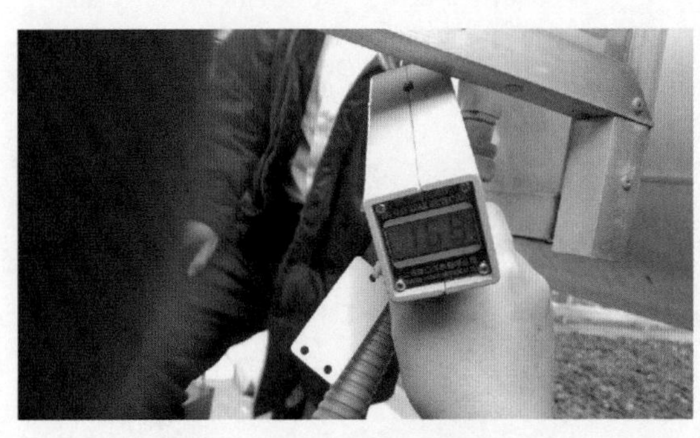

图1　检漏仪检测到漏气位置

表1　T0312隔离开关基本信息

安装地点	1000kV特高压某变电站	运行编号	1号主变压器T0312隔离开关
产品型号	GWG16－1100/J6300－63	出厂编号	004
生产厂家	某开关电气有限公司	出厂日期	2012.9.1
额定压力	0.40MPa	告警压力	0.36MPa

2016 年 4 月 8～13 日，结合设备停电检修人员现场拆卸机构箱进行进一步检漏，确定为 T0312 隔离开关 C 相附属接地开关传动轴密封处漏气，现场人员通过更换轴密封后，GIS 设备抽真空、保压，压力无下降，判定 GIS 设备漏气情况消除。

3　案例分析

2016 年 4 月 8～13 日，结合设备停电检修人员现场拆卸机构箱进行进一步检漏，发现漏气处位于接地开关机构转动轴密封处（见图 2～图 4）。

图 2　机构箱内部 SF_6 气体飘出位置

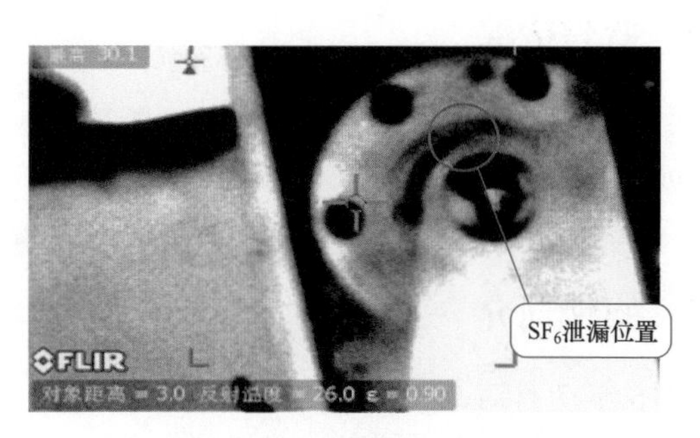

图 3　红外检漏仪拍摄漏点

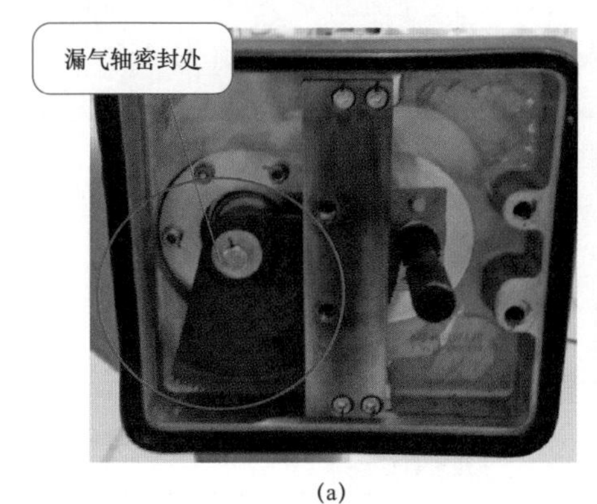

(a)

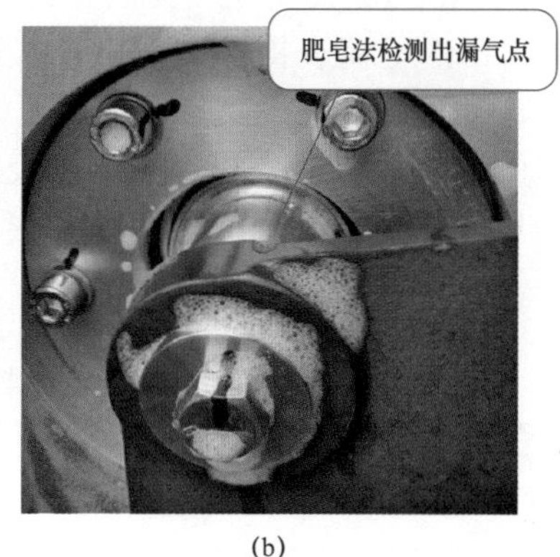

(b)

图 4　漏气位置

（a）漏气轴密封处；（b）肥皂法检测出漏气点

对该机构轴密封检查发现存在漏气现象，更换轴密封（见图 5）后按照检修规范重新恢复气室，现场采用红外检漏仪检查无漏气现象。

图 5　更换轴密封

4　监督意见

专业巡视可以发现电气设备存在潜伏性故障或缺陷，日常生产中，对有疑似缺陷的设备要加强巡视，并严格按照规程定期对设备进行检查，发现问题时采用多种手段进行综合分析，并及时处理，将电网安全隐患降到最低。

案例29 500kV GIS气室外部导流排接触不良导致异常发热

监督专业：电气设备性能　　监督手段：带电检测
监督阶段：设备运维　　问题来源：设备制造

1 监督依据

DL/T 664—2016《带电设备红外诊断应用规范》。

Q/GDW 1168—2013《输变电设备状态检修试验规程》第5.9.1.3条规定，检测各单元及进、出线连接处，红外热像图显示应无异常温升、温差和/或相对温差。

2 案例简介

2016年7月对某变电站500kV GIS（见表1）开展红外测温时发现5232间隔C相T4电流互感器气室外部一导流排端部异常发热，热点温度50.9℃，检测时环境温度29.6℃，TA一次电流1240.5A。经查看TA气室外部共有4根导流排，为GIS外部的环流提供流通路径。采用钳形电流表检测发现，异常发热的导流排流过的电流为458.7A，其余导流排流经的电流为10A左右，进一步查看，发现导流排与TA气室法连面采用螺栓固定，但接触部位的法兰面存在未清理的油漆及凹凸不平情况，分析认为导流排与法兰面连接部位接触不良，导致电流未均匀地从4根导流排流过，流经电流较大的导流排产生异常发热。

表1　　GIS基本信息

产品型号	G1D－550		
出厂日期	2013.9	投运日期	2014.7

3 案例分析

3.1 现场检测情况

2016年7月对某变电站500kV GIS开展红外测温，发现5232间隔C相T4电流互感器气室外部一导流排端部异常发热，热点温度为50.9℃，检测时环境温度29.6℃，TA一次电流1240.5A。红外与可见光图谱如图1所示。

进一步检查发现沿TA气室一周设有4根导流排（依次编号1～4），如图1（b）所示，GIS一次导体通过电流时，将在外壳、接地排、地网构成的闭合回路中产生环流，4根导流排为环流提供流通路径，可等效为并联连接，等效电路如图2所示。图2中I_1～I_4分别为4根导流排流经的环流，R_1～R_4分别为4根导流排本身电阻及其与法兰面两端接触位置等效电阻之和。采用钳形电流表测量4根导流排的电流，结果如表2所示。

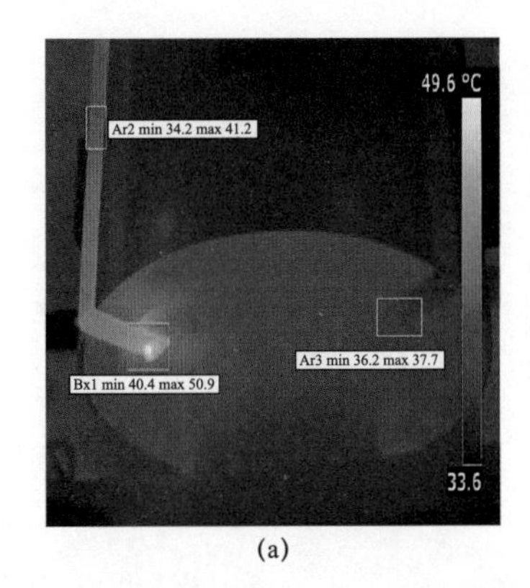

(a)

(b)

图 1　现场检测图谱

（a）红外图谱；（b）可见光图谱

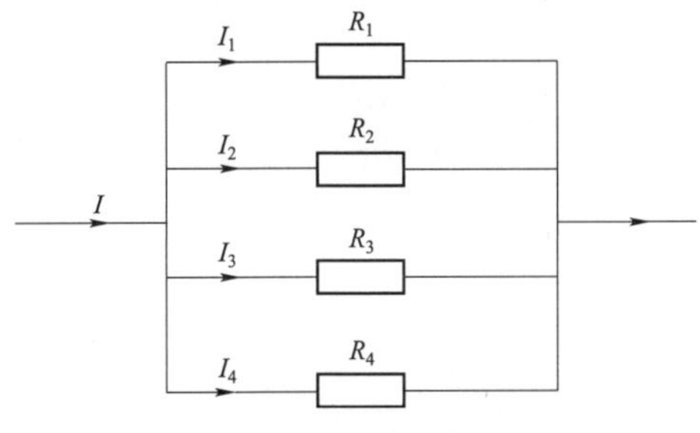

图 2　导流排等效电路

表 2　　TA 外部导流排电流

测量位置	1	2	3	4
电流值（A）	11.1	458.7	10.3	10.8

3.2　原因分析

由表 1 可知，发热的 2 号导流排流经电流为 458.7A，其他导流排流经的电流均在 10A 左右，2 号导流排流经的电流约为其他导流排的 45 倍，环流基本全从该导流排流过，其他导流排几乎未起到分流作用。经现场仔细查看，发现 GIS TA 气室两端的法兰面平整度欠佳，有凹凸情况，且接触面的油漆并未清理，致使导流排与其接触位置的接触电阻不均，有较大的分散性，部分接触电阻过大阻碍了电流的流通，环流几乎全部由接触电阻相对较小的导流排流过，较大的电流在端部接触位置产生异常发热。

对另一生产厂家 GIS 设备 TA 气室外部导流排与法兰面的接触部位检查，发现对导流排与法兰面的接触位置进行了专门的设计处理，在法兰面上增加了凸出部位，且对凸出面进行了抛光处理以保证其平整度，如图 3 所示。

采用该设计，大幅降低了接触电阻的分散性，确保导流排起到均分电流作用，对采用该种设计的某 TA 三相导流排电流进行了测量，结果如表 3 所示。

(a)

(b)

图3 TA法兰面优化设计

(a) 整体图；(b) 局部图

表3 优化设计的TA导流排电流

测量位置		TA一次侧	1	2	3	4
电流值（A）	A相	854	189	164.8	173.8	173.4
	B相	814	167	193	176	158
	C相	886	204	166	213.4	191

由表3可知，采用该设计的各导流排电流在同一数量等级，基本达到均分外部环流的作用，开展红外检测，未见异常发热情况。

4 监督意见

（1）针对接触部位法兰面平整度欠佳问题，制造厂在产品设计时应对导流排与法兰面的各接触部位进行专门的设计处理，必须保证接触部位法兰面的平整度，以使导流排与其有良好均匀的接触。

（2）对于接触部位的油漆，出厂前不应喷涂，应预留接触面，对于已经喷涂的，现场安装时必须将油漆清理干净，以防止因油漆导致接触电阻阻值增大或导致接触电阻产生较大的分散性。

（3）在现场安装时应统一采用力矩扳手对导流排进行紧固，另外，应根据环流的大小，合理的设计导流排的截面积及接触部位的面积。

案例 30　220kV GIS 电气闭锁接线错误导致隔离开关存在误操作风险

监督专业：电气设备性能　　监督手段：验收试验
监督阶段：设备验收　　问题来源：施工安装

1　监督依据

GB/T 50150—2016《电气装置安装工程　电气设备交接试验标准》第 13.0.7 条规定，进行组合电器的操动试验时，联锁与闭锁装置动作应准确可靠。

《国家电网公司变电验收管理通用细则　第 3 分册　组合电器验收细则》规定，联锁检查验收主设备间联锁满足“五防”闭锁要求。

《安徽省电力系统调度规程》第十四章　调度操作管理中第 14～23 条规定，运行中的双母线，当将一组母线上的部分或全部断路器倒至另一组母线时（冷倒除外），应确保母联断路器及其隔离开关在合闸状态，现场应短时将母联断路器改非自动，再进行倒母线操作。

2　案例简介

2016 年 3 月 7 日，某公司变电检修中心工作人员在对某 500kV 新建变电站 220kV GIS 进行设备验收时，发现位于 220kV A 段母线上榴城变电站 1（F3）、榴城变电站 2（F4）、1 号主变压器（F7）、榴城变电站 3（F10）、高湖变电站（F12）五个间隔的隔离开关（QSF1 和 QSF2）电气闭锁存在明显错误。

由于本期投运主变压器 1 台，220kV Ⅰ 母线、Ⅱ 母线分段断路器全部作为死开关运行，220kV A 段母线母联间隔（F5）本期已安装，而 220kV B 段母线母联间隔未安装。验收人员在进行 220kV 间隔主设备联锁试验时发现，当 220kV A 段母线母联断路器和隔离开关处于分闸位置时，位于 220kV A 段母线上榴城变电站 1（F3）、榴城变电站 2（F4）、1 号主变压器（F7）、榴城变电站 3（F10）、高湖变电站（F12）五个间隔的隔离开关（QSF1 和 QSF2）仍然可以进行倒闸操作。按照《安徽省电力系统调度规程》第 14～23 条：运行中的双母线，当将一组母线上的部分或全部开关倒至另一组母线时（冷倒除外），应确保母联断路器及其隔离开关在合闸状态，现场应短时将母联开关改为非自动，再进行倒母线操作。以上五个间隔的隔离开关在 220kV A 段母线母联间隔断路器和隔离开关处于分闸位置时不满足倒闸操作条件。因此以上五个间隔的隔离开关存在明显的电气闭锁错误。

图 1　错误短接的端子

在发现上述缺陷后，验收小组立即查阅设计图纸，并对存在电气闭锁错误的隔离开关的分合闸回路进行排查，发现是由于施工单位将应该断开的节点短接造成上述五个间隔的隔离开关存在电气闭锁错误，如图 1 所示。验收工作人员随即将错误短接的节点断开，上述五个间隔的隔离开关闭锁逻辑恢复正常。

3 案例分析

3.1 确认隔离开关电气闭锁设计原则

由于本期投运主变压器 1 台，该主变压器间隔（F7）位于 220kV A 母线，220kV Ⅰ母线、Ⅱ母线分段断路器全部作为死开关运行，220kV A 段母线母联间隔（F5）本期已安装，而 220kV B 段母线母联间隔未安装。位于 220kV Ⅰ段母线上榴城变电站 1（F3）、榴城变电站 2（F4）、1 号主变压器（F7）、榴城变电站 3（F10）、高湖变电站（F12）五个间隔的隔离开关（QSF1 和 QSF2）电气闭锁逻辑的设计思路是一致的，现以榴城变电站 1（F3）间隔的隔离开关为例加以说明，其闭锁逻辑如表 1 所示。

表 1　　榴城变电站 1（F3）间隔的隔离开关闭锁逻辑

间隔	GIS 元件	联锁逻辑及辅助开关接线
榴城变电站 1（F3）	QSF1	$QF2 \cdot QSF2 \cdot QE1 \cdot QE2 \cdot QEF = F9$ $+\overline{QSF2} \cdot \overline{QF2 = F5} \cdot \overline{QS1 = F5} \cdot \overline{QS2 = F5}$ $+\overline{QSF2} \cdot (\overline{QF2 = F19} \cdot \overline{QS1 = F19} \cdot \overline{QS2 = F19}) \cdot (\overline{QF2 = F13} \cdot \overline{QS1 = F13} \cdot \overline{QS2 = F13}) \cdot$ $(\overline{QF2 = F14} \cdot \overline{QS1 = F14} \cdot \overline{QS2 = F14})$ 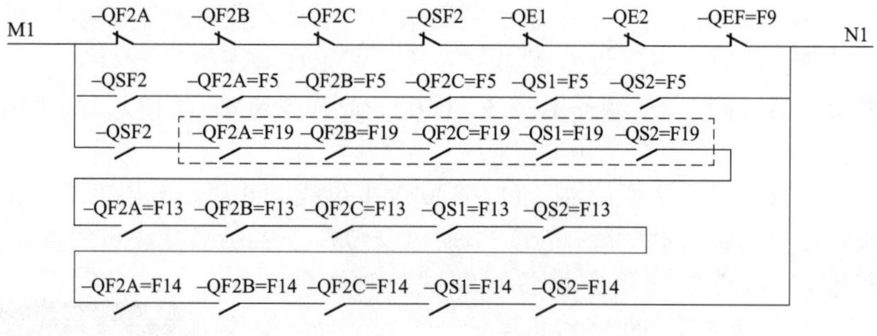 M1　–QF2A　–QF2B　–QF2C　–QSF2　–QE1　–QE2　–QEF=F9　N1 –QSF2　–QF2A=F5　–QF2B=F5　–QF2C=F5　–QS1=F5　–QS2=F5 –QSF2　–QF2A=F19　–QF2B=F19　–QF2C=F19　–QS1=F19　–QS2=F19 –QF2A=F13　–QF2B=F13　–QF2C=F13　–QS1=F13　–QS2=F13 –QF2A=F14　–QF2B=F14　–QF2C=F14　–QS1=F14　–QS2=F14
	QSF2	$QF2 \cdot QSF1 \cdot QE1 \cdot QE2 \cdot QEF = F11$ $+\overline{QSF1} \cdot \overline{QF2 = F5} \cdot \overline{QS1 = F5} \cdot \overline{QS2 = F5}$ $+\overline{QSF1} \cdot (\overline{QF2 = F19} \cdot \overline{QS1 = F19} \cdot \overline{QS2 = F19}) \cdot (\overline{QF2 = F13} \cdot \overline{QS1 = F13} \cdot \overline{QS2 = F13}) \cdot$ $(\overline{QF2 = F14} \cdot \overline{QS1 = F14} \cdot \overline{QS2 = F14})$ 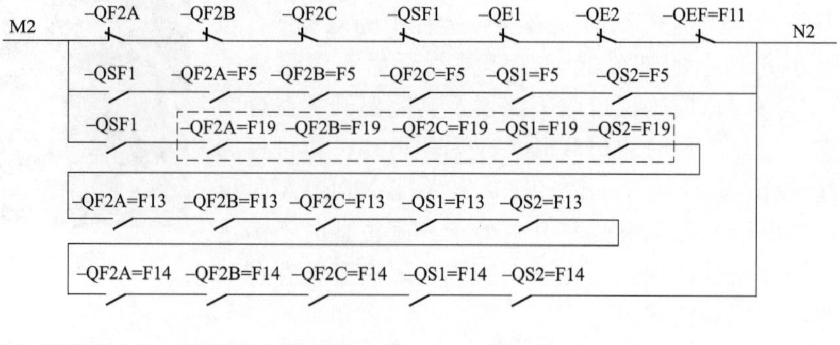 M2　–QF2A　–QF2B　–QF2C　–QSF1　–QE1　–QE2　–QEF=F11　N2 –QSF1　–QF2A=F5　–QF2B=F5　–QF2C=F5　–QS1=F5　–QS2=F5 –QSF1　–QF2A=F19　–QF2B=F19　–QF2C=F19　–QS1=F19　–QS2=F19 –QF2A=F13　–QF2B=F13　–QF2C=F13　–QS1=F13　–QS2=F13 –QF2A=F14　–QF2B=F14　–QF2C=F14　–QS1=F14　–QS2=F14

续表

间隔	GIS 元件	联锁逻辑及辅助开关接线
		QEF = F9 间隔编号 设备编号 其中 QF 为断路器；QSF、QS 为隔离开关；QE、QEF 为接地开关； F5 为 A 段母联间隔，F9 为 1AM 母设间隔，F11 为 2AM 母设间隔，F13 位Ⅰ母分段间隔（本期视为死开关），F14 位Ⅱ母分段间隔（本期视为死开关），F19 为 B 段母联间隔（本期未上）；虚线部分表示本期未上。

根据上述设计原则，以榴城变电站 1 间隔（F3）的 QSF1 为例（QSF2 与其设计思路一致），根据设计图纸，QSF1 可在以下模式可以进行分合闸操作：

（1）第一种模式为本间隔的断路器 QF、隔离开关 QSF2、断路器两侧接地开关 QE1 和 QE2、1AM 接地开关 QEF＝F9 断开时可以操作，这是为了防止带负荷拉合闸刀、防止带接地开关合闸送电；

（2）第二种模式是本间隔的隔离开关 QSF2 在合位、A 段母联间隔（F5）的断路器及两侧隔离开关在合位，此时通过 A 段母线的母联间隔执行倒闸操作；

（3）按照图纸原有的设计，第三种模式是本间隔的隔离开关 QSF2 在合位、B 段母联间隔（F19）断路器及两侧隔离开关在合位、Ⅰ母分段间隔（F13）断路器及两侧隔离开关在合位、Ⅱ母分段间隔（F14）断路器及两侧隔离开关在合位，此时可以保证 A 段母联间隔（F5）断路器及隔离开关在检修时，可以通过 B 段母联间隔（F19）执行倒闸操作。但是根据现场的实际情况，即由于本期 B 段母联间隔（F19）没有安装，导致无法通过 B 段母联间隔（F19）进行倒闸操作，因此虚线部分应该断开，即取消第三种操作模式。

综上所述，220kV A 段母线上榴城变电站 1（F3）、榴城变电站 2（F4）、1 号主变压器（F7）、榴城变电站 3（F10）、高湖变电站（F12）五个间隔的隔离开关（QSF1 和 QSF2）只能在第一种、第二种模式下进行操作。

3.2　现场试验

按照设计图纸，现场验收人员逐一开展隔离开关电气闭锁验收，现以榴城变 1（F3）间隔的隔离开关 QSF1 为例加以说明。该隔离开关可在两种模式下进行操作，对每一种模式进行验证：

（1）第一种情况下，首先断开本间隔断路器 QF、隔离开关 QSF2、接地开关 QE1 和 QE2、IA 母线接地开关 QEF＝F9，QSF1 可以进行分合闸操作；然后依次单独合上 QF、QSF2、QE1、QE2 和 IAM 母线接地开关 QEF＝F9，QSF1 均不可进行操作。符合设计原则。

（2）第二种情况下，将本间隔 QSF2 置于合位、A 段母联间隔（F5）的断路器 QF2＝F5 及两侧隔离开关 QS1＝F5、QS2＝F5 在合位，此时 QSF1 可以通过 A 段母线的母联间隔执行倒闸操作；然后依次单独改变本间隔 QSF2、A 段母联的断路器 QF2＝F5 及两侧隔离开关 QS1＝F5、QS2＝F5 的状态，QSF1 均不可进行操作。符合设计原则。

在完成以上两种操作模式的验收后，现场验收人员考虑到图纸设计原有的第三种情况和本期 B 段母联间隔没有上，为了验证施工单位取消第三种操作模式的正确性，验收人员将本间隔 QSF2 置于合位、Ⅰ母分段间隔（F13）断路器 QF＝F13 及两侧隔离开关 QS1＝F13、QS2＝F13 置于合位，Ⅱ母分段间隔（F14）断路器 QF＝F14 及两侧隔离开关 QS1＝F14、

QS2＝F14 置于合位时，QSF1 仍然可以进行操作，明显违背了设计原则，存在电气闭锁逻辑错误。

正确的隔离开关联锁逻辑可以保证在任何情况下隔离开关都不会发生恶性误操作事故，而根据现场的实际联锁逻辑可能发生以下误操作：本期Ⅰ母分段间隔（F13）、Ⅱ母分段间隔（F14）作为死开关，一条线路（假设榴城变电站 1）转检修，一条母线（假设为Ⅰ母）陪停时，另外一条母线（假设为Ⅱ母）处在运行状态，当调试需要合上陪停母线上的隔离开关（QSF1）时，此时运行母线上的隔离开关（QSF2）就可以操作，而一旦运行母线上的隔离开关（QSF2）合上就会造成检修设备带电，具有极大的安全隐患。

3.3　原因分析

在发现 220kVA 段母线上榴城变电站 1（F3）、榴城变电站 2（F4）、1 号主变压器（F7）、榴城变电站 3（F10）、高湖变电站（F12）五个间隔的隔离开关（QSF1 和 QSF2）存在明显的电气闭锁逻辑错误后，现场验收人员怀疑是 A 段母线上的隔离开关通过 B 段母线上的母联间隔（F19）进行倒闸操作，但是本期 B 段母联间隔（F19）未投运，以榴城变电站 1 间隔（F3）的 QSF1 为例，当验收人员将除 B 段母联间隔（F19）设备外的所有设备置于倒闸状态时，即本间隔的 QSF2 置于合位、Ⅰ母分段断路器 QF＝F13 及两侧隔离开关 QS1＝F13、QS2＝F13 置于合位，Ⅱ母分段断路器 QF＝F14 及两侧隔离开关 QS1＝F14、QS2＝F14 置于合位时，QSF1 可以进行操作；而单独改变以上设备的状态时，QSF1 均不能进行操作。验收人员随即对 QSF1 隔离开关操作回路进行排查，发现图纸上应该断开的虚线部分（本期未安装的 B 段母联断路器及两侧隔离开关的辅助节点）被施工单位用电线短接。说明 QSF1 正是通过上述第三种模式进行倒闸操作。

在发现以上缺陷后，验收人员及时与施工单位、设计院沟通，详细告知该缺陷情况及由此造成的安全隐患，经过三方讨论和施工单位的自查发现，面对本期 B 段母联间隔（F19）未投运，施工单位未对闸刀的电气闭锁逻辑进行调整，现场施工人员只是简单将设计图纸本期未投运的部分进行短接，造成 A 段母线上的隔离开关电气闭锁逻辑明显错误，存在极大的误操作隐患。

施工单位随即对错误短接的部分进行断开，所有隔离开关的电气闭锁逻辑恢复正确。

4　监督意见

对于部分新建变电站，除了近期投运规模，还有远景规划，而其主间隔设备的电气闭锁逻辑是按照远景规划设计的，然后施工单位需要在此基础上进行调整。鉴于此，建议对上述类型的新建变电站验的主间隔设备电气闭锁验收可采取以下措施：

（1）督促设计单位、施工单位提供明确的主间隔设备电气闭锁逻辑及其设计原则、实际施工方案。

（2）审查现场实际的电气闭锁逻辑是否符合相关规程，是否按照近期实际投运规模做出正确调整。

案例 31　220kV GIS 多处气室 SF_6 密度继电器存在信号故障

监督专业：电气设备性能　　监督手段：验收试验
监督阶段：设备验收　　　　问题来源：设备制造

1　监督依据

GB 50150—2016《电气装置安装工程　电气设备交接试验标准》第 13.0.8 条规定，气体密度继电器、压力表和压力动作阀的检查应符合下列规定：气体密度继电器及压力动作阀的动作值，应符合产品技术条件的规定。

《国家电网公司变电验收管理通用细则　第 3 分册　组合电器验收细则》规定，密度继电器及连接管路密度继电器的报警、闭锁定值应符合规定。

2　案例简介

2016 年 3 月 12 日，某公司变电检修中心工作人员在对某 500kV 新建变电站 220kV GIS 进行设备验收时，发现该 GIS 多处气室的 SF_6 密度继电器（见图 1）信号回路存在接线错误、整定值不合格、回路断线等故障。

现场验收人员将缺陷情况反馈运检部，生产厂家相关技术人员到达现场对信号存在故障的 SF_6 密度继电器进行逐一排查，确认故障原因并初步制订了消缺方案。3 月 14～18 日，在验收人员的监督下，生产厂家技术人员完成所有存在信号故障的 SF_6 密度继电器的消缺工作，并对其余 SF_6 密度继电器进行全面排查。封闭式组合电器信息如表 1 所示。

(a)

(b)

图 1　220kV GIS SF_6 密度继电器
（a）断路器气室；（b）隔离开关气室

表1　　封闭式组合电器信息

安装地点	500kV 某变电站	产品型号	ZF11－252（L）
生产厂家	某公司	出厂编号	2014725
额定电压	252kV	引用标准	GB 7674—2008
制造日期	2015.6		

3　案例分析

3.1　现场查实缺陷情况

3月12～13日，验收人员对该220kV GIS所有气室的SF_6密度继电器进行验收。本期所用的SF_6密度继电器满足不拆卸校验的要求。验收人员在对所有密度继电器进行整定值校验的过程中发现以下气室的SF_6密度继电器存在信号回路故障，并查明其故障原因，如表2所示。

表2　　500kV 某变电站 220kV GIS SF_6密度继电器信号回路故障情况统计

所在间隔	所属气室	故障情况	故障原因
备用间隔 7	1G	不发报警信号	汇控箱内信号短接片没有，导致密度继电器虽然动作，但是信号发不出
	2G	不发报警信号	
榴城变电站 1 线	线路避雷器	不发报警信号	
	1G	不发报警信号	
	2G	不发报警信号	
	3G	不发报警信号	
备用间隔（主变压器与母联之间）	1G	不发报警信号	信号回路存在接线错误，SF_6密度继电器报警节点闭合后导致信号回路短路，信号电源空气开关跳闸
	2G	不发报警信号	
1 号主变压器	线路避雷器	不发报警信号	
	1G	不发报警信号	
	2G	不发报警信号	
	3G	不发报警信号	
	Ⅰ母线	不发报警信号	
	Ⅱ母线	不发报警信号	
	断路器 A 相	不发报警、闭锁信号	
	断路器 B 相	不发报警、闭锁信号	
	断路器 C 相	不发报警、闭锁信号	
备用间隔（主变压器与 1MA 母设之间）	1G	不发报警信号	密度继电器的信号节点没有接入回路
	2G	不发报警信号	
高湖变电站	断路器 A 相	不发报警信号	汇控箱内接线端子松动
	断路器 B 相	不发报警信号	
	断路器 C 相	报警信号和闭锁信号整定值不合格	报警 0.510MPa（标准值 0.52MPa）
蒋南变电站	线路避雷器	不发报警信号	密度继电器至汇控箱的线路断线

SF_6密度继电器对于 GIS 设备的安全可靠运行至关重要，如果SF_6密度继电器不发报警信号，可能影响所在气室漏气情况的及时发现，严重时可能导致 GIS 放电；而断路器气室中的 SF_6 密度继电器报警信号和闭锁信号过于接近，可能导致断路器漏气时来不及补气便闭锁，严重影响设备的可靠性。

3.2　原因分析

本期 500kV 某变电站 220kV GIS 一共有 96 只 SF_6密度继电器，而目前存在信号回路故障的SF_6密度继电器多达 23 只，占比 24%。针对这一异常情况，验收小组要求施工单位、生产厂家开展自查，查明造成该异常情况的原因主要包括：

（1）验收单位查阅设计联络会纪要发现，原本要求使用德国威卡品牌，而厂家并未履行该要求，现场实际使用的是平高品牌的密度继电器。

（2）生产厂家在设备出厂时的部分密度继电器整定值整定不合格，而现场施工并未进行校验。

（3）施工单位的进行施工时未能正确接线，导致多处气室信号回路异常。

截至 2016 年 3 月 2 日 18 点，验收小组责成厂家及施工单位完成 22 只密度继电器的信号回路整改；另一方面要求其开展全面排查，防止其他密度继电器存在类似的安全隐患。

4　监督意见

开展 SF_6 密度继电器验收时，要严格校验其整定值是否合格；同时应确认供货产品是否与订货合同、设计联络会纪要要求相一致。

案例32 110kV GIS导电杆螺栓未紧固导致内部短路

监督专业：电气设备性能　　监督手段：试验
监督阶段：设备运维　　问题来源：设备安装

1 监督依据

GB 50147—2010《电气装置安装工程　高压电器施工及验收规范》第5.2.3条规定，GIS各元件的紧固螺栓应齐全，无松动。

2 案例简介

2013年8月2日凌晨，220kV某变电站110kV GIS（见表1）主变压器间隔7011隔离开关母线侧气室三相短路故障，造成Ⅰ母母线整段停电。8月3日，现场打开气室进行内部故障检查，并进行返厂大修。发现7011隔离开关B相导电杆与对接位置连接螺栓未紧固，导致放电短路。8月5日，GIS备品设备到场，更换新的7011隔离开关及所有受损设备。9日，GIS试验合格后投入运行。GIS故障设备如图1所示。

图1　GIS故障设备

表1　GIS基本信息

安装地点	220kV某变电站	运行编号	7011隔离开关
产品型号	ZF10－126/CB	出厂编号	120177－CB
出厂日期	2012.9		

3　案例分析

3.1　现场试验

3.1.1　设备试化验检查

110kV GIS 设备整体外观无明显异常工况痕迹。经运检人员进行 SF_6 气体分解产物试验发现：1 号主变压器 7011 隔离开关母线侧气室内 SF_6 气体分解产物 SO_2、SOF_2，H_2S 含量超出注意值，其他气室数据均为 0。

母线筒底部有白色粉末为导体与 SF_6 气体烧损后产生的混合物白色固体粉末，残留在内部。对白色粉末进行了成分分析，具体如表 2 所示。

表 2　　　　白色粉末分析结果

样品名称	所含元素及质量比（%）				
	氟（F）	铝（Al）	银（Ag）	镁（Mg）	硫（S）
样品 1	64.028 0	35.454 6	0.043 0	0.182 6	0.161 8
样品 2	55.928 2	39.142 6	0.072 1	0.397 0	3.320 6

3.1.2　故障气室解体检查

现场将 7011 隔离开关气室密封盖板打开检查。发现 1 隔离开关与 110kV Ⅰ母线连接处 A、B 相存在明显放电痕迹。检查对接部位，发现隔离开关静触头侧已经发生熔焊，对接部位固定螺栓也已经高温熔化变形。B 相导电杆与电联结对接位置处有明显烧损现象，B 相导电杆与电联结对接处缝隙较大；三工位 7011 隔离开关内部 A 相与 C 相导电杆表面都有明显熔蚀痕迹，但 A 相与 C 相导电杆与电联结对接良好，无缝隙和烧损痕迹存在；底部有白色粉末存在；其余部位未见明显异常。

现场拆除母线与触头连接时，发现 B 相连接部位四颗螺栓中，下部两颗处于松动、未连接牢固状态。对接部位 A 相隔离开关静触头侧熔焊较为严重。

初步分析，该处螺栓施工时未完全紧固，导致连接部位直流电阻超标、接触面不断发热，发生金属熔焊滴落，进而导致与 A 相发生相间短路。

3.2　设备返厂检查

（1）对绝缘件的检测结果。对拆解下来的绝缘件进行检查后，发现相关绝缘部件表面正常；对绝缘件进行局部放电和耐压试验，结果均合格；对拆解下来的绝缘子进行了擦拭，表面无异常，无表面闪络现象，对绝缘子做 X 探伤试验，结果正常。判断设备绝缘性能正常。

（2）导体的检查情况。现场返厂的四段母线壳体间的内部导体及壳体内部均无异常，对导体进行了擦拭并重新组装，试验测试合格；

7011 隔离开关内部导体具体情况：B 相电联结与导体对接处有比较严重的烧损，表面已经发热变色（黑）且放电烧损；A 相与 C 相导电杆表面有明显的电弧烧损痕迹；局部损坏比较严重，但与导电杆对接面无异常损坏，A、C 相电联结装配无烧损；三相导电杆对侧静触座接触部位无损坏。

3.3　原因分析

现场对接安装过程中，安装人员未将 B 相 7011 的电联结与导电杆的连接螺栓拧紧牢固，使得两对接面的压接力不够，导致导体之间接触不良，接触电阻值偏大。设备运行后，引起该接触面发热、温度逐渐升高。1 号主变压器 7011 隔离开关长时间大负荷运行，接触电阻及温度的升高形成恶性循环。当温度升高到导体熔点后，发生熔化，导致内部电场失稳，发生畸变。引起 B 相与 A 相之间发生放电击穿，随后是三相之间的放电击穿。放电击穿引起熔化的导体熔液飞溅，在 7011 隔离开关内部发生热喷现象。热喷使得高温熔液飞溅至另两相导电杆位置，造成 A、C 相导电杆表面被熔蚀。三相导体相互间的放电击穿引起内部短接及对地短接，从而造成整段母线停电。B 相导体因为是起始烧损部位，电联结与导体连接处会产生比较严重的烧损及明显放电点。

4 监督意见

GIS 设备安装、验收时，应严格开展各项检查和试验，完善必要的检查工序，确保主要工序有施工、校核和记录；关键工序增加现场服务人员；制订更详细的电阻测量方案，细化现场电阻的测量，对于现场对接的每一个接触面都进行测量，并在安装档案上进行记录，要求现场签字确认；把好投运前技术监督关口，严防设备带“病”投入运行。

第 5 章　高压开关柜

案例33 35kV开关柜受潮凝露导致柜内放电

监督专业：电气设备性能　　监督手段：带电检测
监督阶段：运维检修　　问题来源：运维检修

1 监督依据

《电力设备带电检测技术规范（试行）》中附录1变电设备带电检测项目、周期及技术要求规定，超声波局部放电检测。

1）正常：无典型放电波形或音响，且数值≤8dB；

2）异常：数值＞8dB且≤15dB；

3）缺陷：数值＞15dB。

暂态地电压检测。

1）正常：相对值≤20dB；

2）异常：相对值＞20dB。

2 案例简介

2016年11月3日，在对220kV某变电站35kV开关柜开展带电检测工作时，通过检测仪耳机听到306开关柜有较明显的放电声。停电检查发现306断路器触头盒有明显爬电痕迹，断路器触头及触头盒内铜板处铜绿明显，绝缘件存在灼伤情况，对该间隔上下触头盒进行更换后，放电现象消失。

3 案例分析

超声波及暂态地电压检测仪检测结果如表1、表2所示。

表1　　开关柜AE局部放电检测记录

<table>
<tr><td>开关柜环境</td><td>天气</td><td>晴</td><td>温度</td><td>20℃</td><td>湿度</td><td>50%</td><td>空气</td><td>－5dB</td><td>金属</td><td></td></tr>
<tr><td colspan="11">检测部位及数据</td></tr>
<tr><td>序号</td><td colspan="3">检测部位</td><td>前上</td><td>前下</td><td>后上</td><td>后下</td><td>侧上</td><td>侧下</td><td>备注</td></tr>
<tr><td>1</td><td colspan="3">1号电容器305</td><td>－3</td><td>－4</td><td>－3</td><td>－3</td><td></td><td></td><td></td></tr>
<tr><td>2</td><td colspan="3">3号电容器307</td><td>－3</td><td>－4</td><td>－5</td><td>－5</td><td></td><td></td><td></td></tr>
<tr><td>3</td><td colspan="3">Ⅰ段母线电压互感器</td><td>－4</td><td>－5</td><td>－4</td><td>－4</td><td></td><td></td><td></td></tr>
<tr><td>4</td><td colspan="3">Ⅱ段母线电压互感器</td><td>－3</td><td>－3</td><td>－3</td><td>－3</td><td></td><td></td><td></td></tr>
<tr><td>5</td><td colspan="3">2号电容器306</td><td>5</td><td>10</td><td>9</td><td>11</td><td></td><td></td><td></td></tr>
<tr><td>6</td><td colspan="3">4号电容器308</td><td>－2</td><td>－3</td><td>－3</td><td>－3</td><td></td><td></td><td></td></tr>
<tr><td>7</td><td colspan="3">2号所用变压器304</td><td>－4</td><td>－4</td><td>－5</td><td>－5</td><td></td><td></td><td></td></tr>
</table>

续表

序号	检测部位	前上	前下	后上	后下	侧上	侧下	备注
8	1 号站用变压器 303	-4	-4	-4	-4			
9	1 号主变压器 301	-5	-4	-5	-4			
10	2 号主变压器 302	-5	-5	-4	-4			

表 2　　开关柜 TEV 局部放电检测记录

开关柜环境	天气	晴	温度	20℃	湿度	50%	空气		金属	2dB

检测部位及数据

序号	测试部位	前上	前下	后上	后下	侧上	侧下	备注
1	1 号电容器 305	3	3	4	2			
2	3 号电容器 307	4	4	3	3			
3	Ⅰ段母线电压互感器	3	4	4	3			
4	Ⅱ段母线电压互感器	6	7	7	7			
5	2 号电容器 306	9	9	10	9			
6	4 号电容器 308	8	6	7	7			
7	2 号站用变压器 304	4	5	3	3			
8	1 号站用变压器 303	3	3	3	2			
9	1 号主变压器 301	3	3	5	4	5	5	
10	2 号主变压器 302	5	5	5	6	3	3	

通过开关柜超声波检测仪检测数据的横向比较分析，可判断 35kV 2 号电容器 306 开关柜超声波及暂态地电压信号均大于其他开关柜。

停电检查发现 306 开关存在凝露现象，触头盒（见图 1）有明显爬电痕迹，断路器（见图 2）触头及触头盒内铜板处铜绿明显，绝缘件存在灼伤痕迹（见图 3）。

分析认为 306 电容器间隔电缆进线封堵不良，以致水汽长期侵入，其后 306 开关绝缘件在水汽、矿物粉尘双重影响下，放电缺陷逐步显现，以致绝缘灼伤放电，而开关触头因水汽长期锈蚀，产生铜绿。

图 1　2 号电容器 306 间隔上下触头盒

图 2　2 号电容器 306 间隔断路器

图3　绝缘件灼伤痕迹

4　监督意见

应在日常运行中对开关柜设备加强开展带电设备巡视检查及超声波局部放电检测、暂态地电压检测等带电检测工作，及时发现类似故障，确保设备安全稳定运行。

案例 34　35kV 开关柜穿墙套管受潮导致异常放电

监督专业：电气设备性能　　监督手段：带电检测
监督阶段：运维检修　　问题来源：设备制造

1　监督依据

《安徽省电力公司输变电设备带电检测试验规程（试行）》（电运检工作〔2013〕373 号）中开关柜检测项目、周期和技术要求：超声波局部放电检测数值大于 15dB，可定义为缺陷。

2　案例简介

2014 年 7 月 10 日，在某 220kV 变电站专业巡视中发现 35kV 358 开关柜（见表 1）有放电异响，随后对该柜开展了超声波与暂态地电压检测，均存在异常，依据异常数值大小初步判断放电位置在柜体中部 B、C 相之间。停电检查，发现 B 相穿柜套管内部及导体腐蚀严重，有明显的水迹及水珠，套管下部堆积大量腐蚀脱落物。

表 1　35kV 358 开关柜基本信息

安装地点	某 220kV 变电站	运行编号	35kV 358
产品型号	GG－40.5	出厂日期	2004.04
额定电压	40.5kV	额定电流	300A

3　案例分析

3.1　现场检测

2014 年 7 月 10 日，在 220kV 某变电站巡视中发现 358 开关柜有放电异响，随后组织开展暂态地电位及超声波局部放电检测。暂态地电位检测发现 358 开关柜中部 B、C 相之间测异常数值最大，为 44dBmV，背景值为 3dBmV，测试值与背景值之间的差值（相对值）为 41dBmV；经超声波检测发现，整个开关柜均有明显放电声音，在柜体中部 B、C 相之间放电声最大，检测值为 33dB，明显大于背景值。

3.2　停电检查

2014 年 7 月 14 日停电检查，发现 B 相穿墙套管内部及导体腐蚀情况严重，有明显的水迹及水珠，套管下部堆积大量腐蚀脱落物。现场检查情况如图 1 所示。

为查找具体放电位置，使用试验变压器对该套管施加了 20kV 的运行电压，并在试验过程中利用紫外成像仪对放电位置进行查找（见图 2）。发现 B 相套管端部靠近 C 相侧有明显的放电，放电光子数达到 50 000 以上，放电现象严重，且伴随着明显的放电声，A、C 相未见异常。

(a) (b) (c) (d)

图1　现场检查情况

（a）水迹；（b）脱落物；（c）腐蚀脱落；（d）水珠

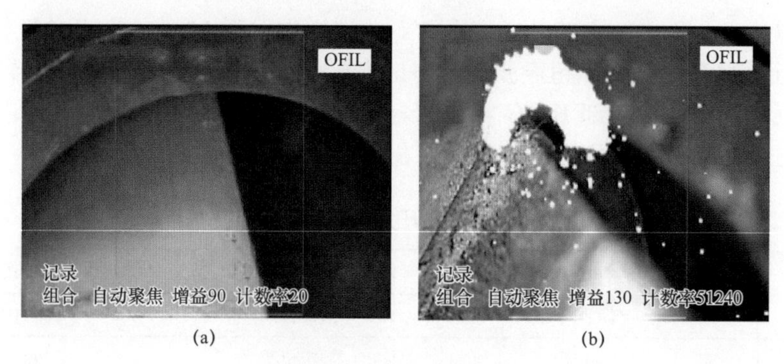

(a) (b)

图2　紫外光检测图

（a）A、C相；（b）B相

3.3　异常原因分析

根据现场检查及试验情况，分析认为穿墙套管内部凝露导致绝缘强度降低，在电场作用下击穿放电。

4　监督意见

定期维护空调、除湿器等除湿设备，确定除湿设备在工作状态；加强超声波、红外测温、紫外测温等带电检测工作，实时掌控设备状态；运维阶段发现此类缺陷，应及时采取专门措施进行除湿处理，确保设备安全稳定运行。

案例 35　10kV 断路器动触头松动运行中异常发热导致触头烧毁

监督专业：电气设备性能　　监督手段：设备检修
监督阶段：运维检修　　问题来源：设备运维

1　监督依据

Q/GDW 11074—2013《交流高压开关设备技术监督导则》第 5.2.3.11 条规定，高压开关柜内的绝缘件（如绝缘子、套管、隔板和触头盒等）应采用阻燃绝缘材料。

Q/GDW 1168—2013《输变电设备状态检修试验规程》第 5.12.1.5 条规定，交流耐压试验中，相间、相对地及断口的试验电压值相同。

2　案例简介

2015 年 10 月 14 日 13 时 26 分，某 110kV 变电站后台机发出 10kV Ⅱ段电容器 026 开关柜（见表 1）保护动作，同时 2 号主变压器低后备保护动作，随即 2 号主变压器 10kV 102 断路器分闸，10kV Ⅱ段母线失电。

检查发现 10kV 2 号电容器 026 开关柜有浓烟及刺鼻气味窜出，运行人员立即汇报调度，由监控人员远方拉开 2 号电容器 026 断路器（见表 2），打开开关柜发现 C 相动触头及静触头绝缘件烧损。

表 1　10kV 电容器开关柜基本信息

安装地点	某 110kV 变电站	出厂编号	200501018
产品型号	KYN28A－12	出厂日期	2005.01

表 2　10kV 电容器开关柜 026 断路器基本信息

安装地点	某 110kV 变电站	出厂编号	200412010
产品型号	VS1（ZN63A）	出厂日期	2004.12

3　案例分析

3.1　现场检查

在拉开 2 号电容器 026 断路器后，运行人员先后将 10kV Ⅱ母线及 2 号电容器 026 断路器及 2 号电容器组转为检修状态。

10 月 14 日下午，变电检修室人员到达现场仔细查看了 2 号电容器 026 开关柜内触头、绝缘挡板、顶部泄压通道、后柜门电缆仓室等部位。结果发现 2 号电容器 026 断路器 C 相动触头及静触头绝缘件烧损，如图 1 所示。

(a)

(b)

图1 断路器C相动触头及静触头绝缘件烧损情况
（a）动触头；（b）静触头

对026开关柜内进行清洗，静触头进行更换之后，对10kV Ⅱ段母线、2号电容器026断路器静触头、10kV Ⅱ母电压互感器及避雷器进行绝缘电阻测试，测试结果正常。

3.2 原因分析

10kV 2号电容器组026断路器在运行过程中，频繁投切，导致026断路器C相下动触头松动，回路电阻增大，同时电容器组运行电流过大，运行中异常发热，导致026断路器及母线侧静触头过热损坏。

4 监督意见

开关柜手车开关梅花触指由4根弹簧弹力保持对导电臂和静触头压力，保证接触良好。弹簧变形或者弹力降低，触指夹紧力不足，会造成触指接触不良，发热严重时会导致触指烧毁。

在进行手车开关操作时，应检查梅花触指烧蚀情况和弹簧压力。

案例 36　10kV 开关柜穿墙套管内遗漏螺钉导致局部放电异常

监督专业：电气设备性能　　监督手段：带电检测

监督阶段：运维检修　　问题来源：运维检修

1　监督依据

Q/GDW 11060—2013《交流金属封闭开关设备暂态地电压局部放电带电检测测试技术现场应用导则》第 8.5 条规定，开关柜检测结果与环境背景值的差值大于 20dBmV 时，需查明原因。

2　案例简介

2016 年 1 月 12 日，运检人员在进行某变电站 2 号主变压器 35kV 302 开关柜暂态地电压测试中发现，开关柜后柜暂态地电压数据异常，与相邻的开关柜及背景数值相比较差值均超过 20dBmV，超声波检测正常，后经多次复测，暂态地电压数值均显示异常，判断为后柜内部有放电现象。结合停电对 35kV 302 开关柜进行试验、检查，各项试验数据正常，检查发现后柜上部 C 相穿墙套管内遗漏一断裂螺钉，将断裂的螺钉取出恢复送电后，经复测开关柜暂态地电压检测恢复正常。

3　案例分析

3.1　开关柜暂态地电压检测及超声波局部放电检测分析

2016 年 1 月 12 日，运检人员进行 220kV 某变电站 1 号主变压器 35kV 302 开关柜暂态地电压检测时，发现后柜上部暂态地电压检测数据异常，与背景值和相邻的开关柜（3025、339、338）相比差值均大于 20dBmV，且该后柜上、中、下数值呈递减趋势，判断放电源来自上部柜室，超声波检测未见异常，现场检测情况如图 1 所示，暂态地电压检测及超声波局部放电检测数据如表 1 所示。

图 1　现场检测情况

为了进一步确认该异常的存在，运检人员对该开关柜缩短了检测周期，在不同的环境条件下又多次进行了复测，结果均异常。

3.2　停电检查与分析

6 月 4 日，结合主变压器停电计划对 2 号主变压器 35kV 302 开关柜进行检查。后柜打开后，外观检查未发现明显放电痕迹，后柜内部无凝露现象，对后柜设备进行例行试验，结果正常，继续检查上部小室，在后柜中部到上部小室的 C 相穿墙套管内发现一个断裂的螺钉，如图 2 和图 3 所示。

表1　　暂态地电压检测及超声波局部放电检测数据

空气中暂态地电压读数：10dB　空气中超声波读数：-6 dB													
开关柜名称及编号	暂态地电压检测（dBmV）										超声波检测及定位（dB）		结论
	前部				后部								
	中		下		上		中		下		前部	后部	
	幅值	脉冲	幅值	脉冲	幅值	脉冲	幅值	脉冲	幅值	脉冲			
302	11	0	11	0	45	60	36	56	27	36	−4	−3	异常
3025	11	0	11	0	16	76	19	88	14	124	−3	−3	正常
339	12	24	10	0	20	220	21	340	18	116	−3	−4	正常
338	12	100	10	0	16	321	17	240	16	168	−4	−5	正常

图2　C相穿墙套管位置

图3　断裂的螺钉

螺钉断口处有不平的断面，分析认为在设备检修时用力过大导致螺钉断裂掉落至穿墙套管内，由于疏忽致使遗留在套管内未取出，设备带电运行中，形成悬浮电位，发生放电，导致后柜上部暂态地电位检测数据超标。

4　监督意见

开关柜检修后应仔细检查各部件安装及内部有无遗漏金属物体情况，在新设备投运后可结合开关柜超声波局部放电与暂态地电压检测对开关柜运行状态进行诊断。

案例 37 10kV 断路器真空包损坏导致分闸后真空包内持续放电

监督专业：电气设备性能　　监督手段：设备检修
监督阶段：运维检修　　问题来源：设备制造

1 监督依据

GB 50150—2016《电气装置安装工程　电气设备交接试验标准》。
GB 50147—2010《电气装置安装工程　高压电器施工及验收规范》。

2 案例简介

2016 年 6 月 18 日，运行人员对 10kV 113 开关柜进行由运行转冷备用操作，在摇出手车开关过程中，发现 A 相有拉弧并伴有异响，后将 113 断路器由冷备用转检修。检修人员对手车开关进行检查，发现 A 相上下触头有电弧灼伤痕迹，三根紧固弹簧缺失（上触头 1 根，下触头 2 根，见图 1）。

(a)

(b)

图 1　A 相上下触头有电弧灼伤痕迹，3 根紧固弹簧缺失
（a）电弧灼伤痕迹；（b）三根紧固弹簧缺失

3 案例分析

3.1 现场检查

某 110kV 变电站 10kV 113 故障，经现场检查，发现 A 相上下触头有电弧灼伤痕迹，3

根紧固弹簧缺失（上触头 1 根，下触头 2 根）；A、B、C 三相整体对地及 B、C 相断口间耐压合格，对 A 相断口进行耐压试验，电压达到 10kV 左右时，试验电流迅速上升至 15A，仪表跳闸。对 A、B、C 三相断路器进行回路电阻测试，发现 A 相回路电阻明显增大，测试结果如表 1 所示。

表 1　　断路器回路电阻测试

测试项目	A 相	B 相	C 相
回路电阻值（μΩ）	485	75	79

经断路器真空度检测仪检测，A 相断路器真空度已损坏。

3.2　原因分析

根据耐压试验、回路电阻测试和真空度测试结果，分析认为 113 断路器 A 相真空泡已损坏，绝缘降低，断路器分闸后，真空泡内有持续放电，断路器由热备用转冷备用时，A 相上下触头与动触头之间产生拉弧（相当于带负荷拉隔离开关），灼伤断路器上下触头并熔断紧固弹簧。

4　监督意见

对该厂家 10kV 同批次同型号开关柜进行全面检查，适当缩短试验周期，尤其是要进行端口间耐压试验。

第6章　电流互感器

案例38 500kV油浸式电流互感器末屏断裂导致主绝缘数据异常

监督专业：电气设备性能　　监督手段：例行试验
监督阶段：运维检修　　问题来源：设备制造

1 监督依据

Q/GDW 1168—2013《输变电设备状态检修试验规程》第5.4.1.1条规定，电流互感器例行试验电容量初值差不超过±5%，介质损耗因数 $\tan\delta \leqslant 0.007$（$U_m \geqslant 550kV$）。

2 案例简介

2013年3月11日，运检人员在对某500kV变电站设备进行例行试验时，在对5063电流互感器（见表1）C相一次对末屏电容量及介质损耗加压测试中，发现测试通道中无电流流过，测量末屏对地电容量及介质损耗出现相同情况，而末屏对地绝缘电阻则正常。对电流互感器本体油样进行油色谱试验，发现 C_2H_2 含量高达22.8ppm（1ppm＝1mg/L），远远超出《输变电设备状态检修试验规程》中的1ppm（注意值）要求。根据三比值法，查询DL/T 722—2014《变压器油中溶解气体分析和判断导则》，C_2H_2/C_2H_4、CH_4/H_2、C_2H_4/C_2H_6 的比值编码为212，对应的故障特征为“引线对电位未固定的部件的连续火花放电，分解抽头引线和油隙闪络，不同电位之间的油中火花放电或悬浮电位之间的电火花放电”，可判断设备内部存在放电故障。

根据安排对该电流互感器进行更换并返厂解体，返厂解体时发现该电流互感器末屏上引出的4根镀锌铜片导向带，沿电容屏绝缘层端面断裂，但电容屏完好。

表1　　5063电流互感器基本信息

安装地点	某500kV变电站	运行编号	500kV某线5063断路器电流互感器
产品型号	IOSK550	出厂编号	60330
生产厂家	某互感器有限公司	出厂日期	2009.4

3 案例分析

3.1 现场试验

3月11日，对5063电流互感器进行例行试验，主绝缘及末屏对地绝缘数值均满足规程要求，而在进行主绝缘电容量及介质损耗试验时，发现试验电压10kV可以正常加上，但仪器显示测试通道中无电流，遂进行末屏对地电容量及介质损耗试验，也出现类似情况。现场试验人员逐一更换试验仪器、试验接线后，异常情况仍存在。现场试验结果如表2所示。

表2　现场试验结果

试验日期	2013.3.11	温度	12℃	湿度	50%	天气	晴
使用仪表	S1－552/2 数字绝缘电阻表、AI－6000F 自动抗干扰精密介质损耗测量仪						

相　别	A	B	C
主绝缘电阻（MΩ）	20 000	18 000	21 000
末屏绝缘电阻（MΩ）	8500	6200	3400
一次对末屏电容量及介质损耗（pF）	421/0.441	419.1/0.401	无法测得数值
末屏对地电容量及介质损耗（pF）	49 236/1.213	49 030/1.105	无法测得数据

根据油浸式电流互感器原理图，当在一次侧加压 5kV 时，末屏处应能测出 42V 左右的电压，对 A、B 相进行验证确实符合理论分析，而 C 相无法测得电压，初步怀疑末屏存在问题。

从表 3 结果可以看出，乙炔含量为 22.8ppm，严重超过输变电设备状态检修试验规程》1ppm 的注意值。根据三比值法，查询 DL/T 722—2014《变压器油中溶解气体分析和判断导则》，C_2H_2/C_2H_4、CH_4/H_2、C_2H_4/C_2H_6 的比值编码为 212，对应的故障特征为“引线对电位未固定的部件的连续火花放电，分解抽头引线和油隙闪络，不同电位之间的油中火花放电或悬浮电位之间的电火花放电”，此结果验证了我们的判断，具体放电部位需要解体检查。本体取油样进行油色谱分析结果如表 3 所示。

表3　本体取油样进行油色谱分析结果　（μl/L）

组分	CH_4	C_2H_6	C_2H_4	C_2H_2	H_2	CO	CO_2	总烃
含量	8.4	1.0	6.8	22.8	86	231	191	39

3.2　设备解体及原因分析

在设备厂家内，打开二次接线盒（见图 1）检查，未发现有任何异常现象，末屏（TA）引线和端子也未发现放电烧焦痕迹。割开产品头部和一次导电杆，取出器身检查，主绝缘完好，没有发现异常现象。

图1　互感器二次接线盒

对二次连接线底座内部（见图2）进行检查，发现内部接线连接完好、规范，无脱落。用万用表测量内部末屏端与外部连接线，显示处于接通状态。

图2　互感器二次连接线底座

对电流互感器内部绝缘层（见图3）检查，发现末屏尾部连接线与绝缘层处有明显的放电痕迹。仔细观察末屏发现共有 4 处连接，其均有不同程度的放电痕迹，并且有一处较为严重，同时绝缘层也有明显的放电痕迹。对绝缘层进一步解体。

图3　电流互感器内部绝缘层

检查产品末屏，发现末屏上引出的4根镀锌铜片（见图4）导向带沿电容屏绝缘层端面断裂，但电容屏完好。

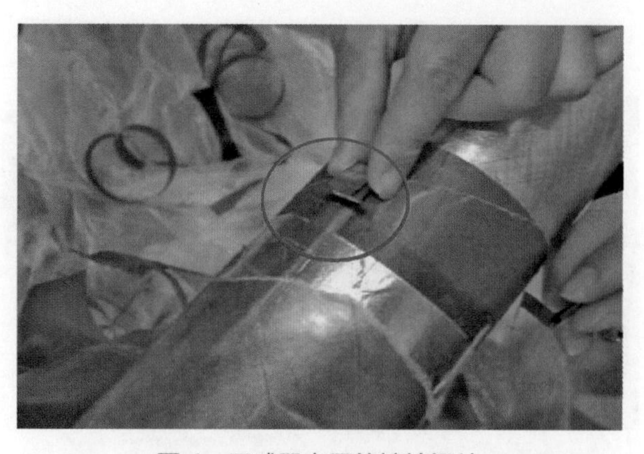

图4　互感器末屏的镀锌铜片

通过以上解体发现的现象分析：

（1）电流互感器所采用的铜片材质较差、易折断，可能在制造中末屏就有损伤，因此导致在运行中末屏断开。

（2）末屏与绝缘层有 4 处连接，但 4 处均已断开，其中 3 处放电痕迹不明显，一处断开放电较明显，说明该引出铜片连接工艺差。

经对电流互感器解体情况分析，此次故障的原因是：厂家操作人员在进行镀锌铜片导向带与引出电缆连接时操作不当，过度折叠镀锌铜片，使 4 根镀锌铜片受损，造成缺陷。而产品在长时间运行中，因受到过电压振动等影响，使此处缺陷逐步扩大，最终造成 4 根镀锌铜片断裂，其断裂后即形成了悬浮电位，使末屏对地放电。

4　监督意见

依据《国家电网公司十八项电网重大反事故措施》第 11.1.3.12 条“加强电流互感器末屏接地检测、检修及运行维护管理。对结构不合理、截面偏小、强度不够的末屏应进行改造；检修结束后应检查确认末屏接地是否良好”的要求，要求该厂家在制造时改善工艺，减少人为原因造成的内部绝缘构造的损坏，采用强度更高的金属连接部件，对该厂此构造设备监造时要加强技术监督，确保设备可靠安全地投入运行。

案例39 220kV SF_6电流互感器漏气导致低气压报警

监督专业：电气设备性能　　监督手段：带电检测
监督阶段：运维检修　　问题来源：设备制造

1 监督依据

Q/GDW 1168—2013《输变电设备状态检修试验规程》第5.2.1.1条规定，气体压力指示值应无异常。

2 案例简介

2010年2月23日，某220kV变电站220kV某间隔A相4868电流互感器（见表1）出现低气压故障，通过两个多月的连续跟踪测试，发现了设备的疑似漏气点（见图1），并于5月8日对其进行了更换，14日对缺陷电流互感器进行了解体分析，确认了漏气原因，并制订了在运行的同类型产品的防范措施。

表1　　4868电流互感器基本信息

安装地点	某220kV变电站	运行编号	220kV某4868电流互感器
产品型号	LVQB－252W2	出厂编号	09064
出厂日期	2009.8		

图1　疑似漏气点

3 案例分析

3.1 现场试验

2010年2月23日上午9时，运检人员发现某变电站220kV某间隔电流互感器A相发“SF_6气体压力低”报警信号，现场检查发现该电流互感器A相SF_6气体压力降至0.34MPa的报警压力。现场将SF_6气压补充至0.41MPa的正常压力。然后运检人员利用激光成像仪对该电流互感器进行检漏，发现瓷套法兰与一次侧外壳底面接触部位有疑似泄漏。因泄漏录像不清晰，无法准确判断，现场交代运行人员加强巡视后，结束工作。

为防止设备突发故障及积累测试经验，决定对此电流互感器开展激光检漏跟踪测试，周期暂定 10 天。测试经过如表 2 所示。

表 2　　220kV 某间隔电流互感器 A 相跟踪测试数据

序号	时间	压力/MPa	渗漏情况
1	2 月 23 日	0.41	疑似渗漏
2	3 月 6 日	0.41	疑似渗漏
3	3 月 16 日	0.41	疑似渗漏
4	3 月 25 日	0.41	疑似渗漏
5	4 月 7 日	0.41	疑似渗漏
6	4 月 18 日	0.40	疑似渗漏
7	4 月 29 日	0.37（补至 0.41）	疑似渗漏
8	5 月 4 日	0.37	确认渗漏

4 月 29 日，测试人员对该电流互感器进行第 7 次跟踪测试时发现该电流互感器压力已明显降至 0.37MPa。但测试中仍然不能确定漏气点。现场补气至 0.41MPa，并决定缩短测试周期至 5 天。

5 月 4 日，该电流互感器压力再次降至 0.37MPa，激光检漏在原有疑似渗漏部位发现了较为明显的渗漏痕迹，如图 2 所示。

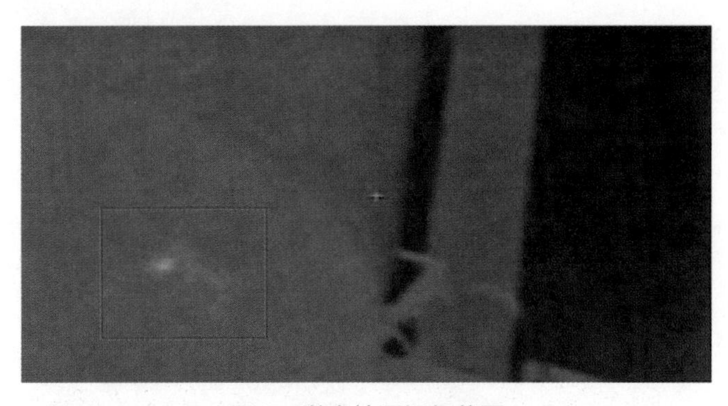

图 2　激光检漏视频截图

确认缺陷后，运检部立即申请将该电流互感器停运并联系厂家准备备品。5 月 6 日，该电流互感器退出运行，检修人员对电流互感器进行了停电检漏（见图 3）。发现该电流互感器防爆膜完好（见图 4）、压力表指示正确，用便携式 SF_6 检漏仪检漏发现渗漏点与之前激光检漏发现的渗漏部位基本一致，且渗漏速度较快。对电流互感器其他管路、瓷套顶部、法兰连接处等易漏气的部位进行激光成像及手持检测，均未发现其他渗漏点。

因考虑现场不具备电流互感器解体及检修的条件，5 月 8 日，对该电流互感器进行了更换并顺利投运。同时对该变电站内其他 4 组同批次、同生产厂家的电流互感器进行了激光检漏检查，未发现渗漏。

图 3　停电检漏

图 4　电流互感器顶部防爆膜完好

3.2　原因分析

5 月 14 日，在厂家对更换下来的 A 相电流互感器进行解体，解体过程中发现以下几个问题：

（1）外观检查发现躯壳头帽吊耳磨损，如图 5 所示。

图 5　吊耳磨损痕迹

（2）现场工作人员检查了漏气部位的螺钉紧固情况，发现有部分螺钉未可靠紧固，用两个手指头就可以轻松推动套筒扳手。

（3）法兰盘密封圈上的密封胶涂抹不均匀，有部分位置没有涂胶。

通过解体情况分析：

（1）吊耳磨损是钢丝绳摩擦造成的，该吊耳不是吊装电流互感器用，是吊装躯壳用。若拆箱或安装时将起吊大部分质量集中在该吊耳，可能使电流互感器上法兰密封破坏，从而造成漏气。

为了进一步求证漏气的真实原因，施工单位提供了当时吊装电流互感器时的图片资料，资料显示电流互感器吊装（见图 6）是在厂家人员的指导下进行的，起吊时采用了厂家提供的专用吊带，因此可以排除因起吊不合理致使法兰变形原因造成漏气的情况。

图 6　电流互感器吊装

（2）装配工艺不合格，由于法兰螺钉紧固力度不一致，使密封圈受力不平衡，造成漏气。因松动螺钉部位与现场发现漏气的部位并不一致，故基本可以排除因螺钉紧固力不足而造成的漏气。但是作为一个安装工艺确实存在不足，需厂家重视。

（3）密封胶涂抹不均匀，造成无胶的部位密封不足而漏气。现场检查密封胶虽完全覆盖了密封槽，但是表面起伏不均，而泄漏部位正好位于密封胶的低洼部位。分析认为因密封胶涂抹量不足，致使低洼部分完全依靠密封圈的弹性形变而无法达到密封效果。

综合分析，本次某间隔电流互感器 A 相发生低气压报警是由于工艺上的不足，密封胶涂抹不均匀而造成的互感器漏气。

4　监督意见

按照 DL/T 727—2013《互感器运行检修导则》的要求，SF_6 电流互感器压力表指示在规定范围，无漏气现象，结合此次电流互感器漏气缺陷提出以下监督意见：

（1）对厂家所有同批次 SF_6 电流互感器进行气体检漏普测，测试周期根据实测情况进行调整。

（2）结合诊断性检修及例行检修机会对所有的 220kV 电流互感器螺钉进行检查、复紧；对于新建未投运的设备，请生产厂家到现场对电流互感器螺钉进行检查复紧，并现场对 SF_6 气体检漏。

（3）要求生产厂家加强产品生产中的工艺控制，同时对该批次产品进行排查，将排查结果告知相关单位，并做好电流互感器更换准备。

案例40 220kV电流互感器绝缘材料异常导致运行中局部过热

监督专业：绝缘监督　　监督手段：带电检测

监督阶段：设备运维　　问题来源：设备制造

1 监督依据

DL/T 664—2016《带电设备红外诊断应用规范》表B.1 电压致型设备缺陷诊断判据。

2 案例经过

2013年6月18日晚间，运检人员对某220kV变电站运行设备进行红外线检测，发现某220kV线4717电流互感器C相（见表1）末屏套管周围温度与A、B相相比偏高（见图1）。运检人员当即将测试情况汇报相关技术与职能部门，并取油样进行测试。

表1　　设备铭牌参数

安装地点	某220kV变电站	运行编号	某220kV线4717电流互感器C相
产品型号	LB11－220W3	出厂编号	20120027
变流比范围	600600/1200/2400/5	出厂日期	2012.11
制造厂家	—		

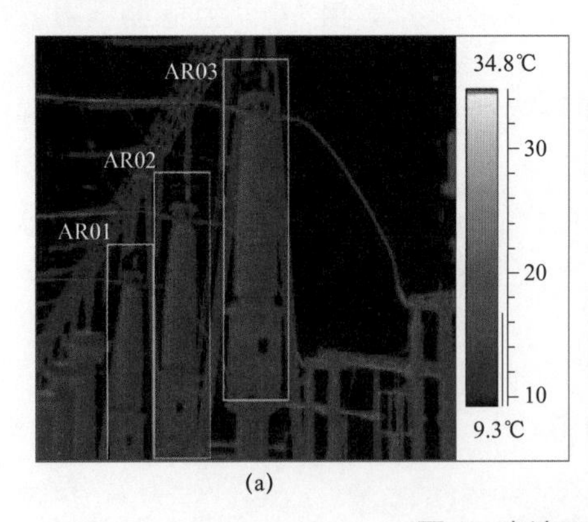

(a)

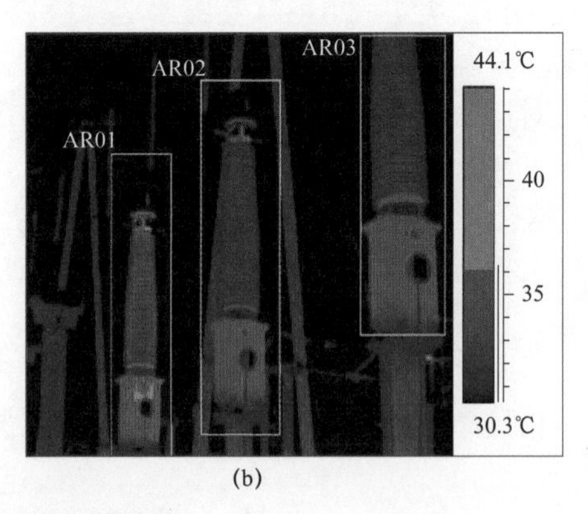

(b)

图1　电流互感器远红外图

（a）A、B相；（b）C相

3 案例分析

3.1 试验与化验过程

2013年6月18日晚间，运检人员对变电站220kV运行设备进行红外线检测时发现某

220kV 线 4717 电流互感器 C 相末屏套管周围温度与 A、B 相相比偏高。某 220kV 线 4717 电流互感器 A 相末屏套管周围温度为 35.2℃，B 相末屏套管周围温度为 35.1℃，C 相末屏套管周围温度为 36.8℃；C 相末屏套管周围温度与 B 相相比温差为 1.7℃。

运检人员对设备所取油样进行了油样色谱化验，结果如表 2 所示。

表 2　油中溶解气体分析

油中溶解气体分析	A	B	C
氢气（H_2）（μL/L）	3.00	2.00	12 085.00
一氧化碳（CO）（μL/L）	41.00	49.00	43.00
二氧化碳（CO_2）（μL/L）	149.00	170.00	153.00
甲烷（CH_4）（μL/L）	1.27	0.99	553.86
乙烯（C_2H_4）（μL/L）	0.00	0.00	0.90
乙烷（C_2H_6）（μL/L）	0.00	0.00	120.67
乙炔（C_2H_2）（μL/L）	0.00	0.00	1.55
总烃（μL/L）	1.27	0.99	676.98
总烃产气速率（%/月）	0.00	0.00	0.00
CO 含量增长率（%）	0.000	0.000	0.000
结论	A 相正常； B 相正常； C 相油中溶解气体中氢气、总烃含量超出注意值，且产生乙炔，含量达 1.55μL/L，设备内部可能存在放电性故障，建议停电进行电气试验检查		

运检人员随后联系调度对设备进行停电，进行停电试验，检测结果如表 3 和表 4 所示。

表 3　绝缘电阻检测　（MΩ）

试验日期	2013.6.19	温度	36℃	湿度	54%	天气	晴
使用仪表	S1－552 智能绝缘电阻表						
试验人员	申某、刘某、周某						
相别	一次绕组对二次绕组、末屏及地	二次绕组对一次绕组、末屏及地		末屏对一次绕组、二次绕组及地			
A	≥10 000	≥10 000		≥10 000			
B	≥10 000	≥10 000		≥10 000			
C	≥10 000	≥10 000		≥10 000			

表4　　　　　　　　　　　　介质损耗检测

<table>
<tr><td>试验日期</td><td>2013.6.19</td><td>温度</td><td>36℃</td><td>湿度</td><td>54%</td><td>天气</td><td>晴</td></tr>
<tr><td>使用仪表</td><td></td><td colspan="6">AI－6000F型介质损耗仪</td></tr>
<tr><td>试验人员</td><td></td><td colspan="6">申某、刘某、周某</td></tr>
<tr><td rowspan="2">相别</td><td></td><td colspan="3">一次绕组对末屏</td><td colspan="3">末屏对二次绕组及地</td></tr>
<tr><td>C_x（pF）</td><td colspan="2">tanδ（%）</td><td colspan="2">C_x（pF）</td><td colspan="2">tanδ（%）</td></tr>
<tr><td>A</td><td>959.2</td><td colspan="2">0.225</td><td colspan="2">2004</td><td colspan="2">0.359</td></tr>
<tr><td>B</td><td>928.3</td><td colspan="2">0.216</td><td colspan="2">1960</td><td colspan="2">0.316</td></tr>
<tr><td>C</td><td>865.4</td><td colspan="2">0.576</td><td colspan="2">2096</td><td colspan="2">0.486</td></tr>
</table>

3.2　原因分析

（1）根据DL/T 1168—2013《输变电设备状态检修试验规程》中第5.3条规定，从电容量上看，A、B、C三相主绝缘电容量与2013年3月27日交接试验偏差均不超过5%，A、B、C三相介质损耗偏差均不大于0.7%，但C相介质损耗由0.214%增大到0.576%，增长量较大。

油纸电容型介质损耗因数一般不进行温度换算，对于不含杂质和水分良好的油纸绝缘，在－40～60℃，介质损耗因数应无明显变化。但当绝缘中残存水分和杂质时，介质损耗因数随温度的升高而明显增加。

（2）电流互感器油样中特征故障气体产生并已超标，电气绝缘性能也在劣化发展。判断内部已经存在轻微局部放电现象，发展趋势明显，可能会向更高能量放电转化，建议对电流互感器进行停运处理，并解体查找具体故障原因和故障点。

（3）电科院及运检人员驻厂开展C相电流互感器进行返厂解体，最终厂家给出原因。由于互感器在出厂前内部变压器油被盗，故无油状态静止时间较长。待厂家发现后，重新注油，出厂试验合格后出厂。但由于互感器缺油时间较长，故内部绝缘层浸油后，浸渍不彻底，造成产品内部缺陷。

（4）设备运行在高压电场作用下，内部浸渍不彻底的绝缘层产生低能量局部放电，造成产品中氢气超标，氢气增加后，油中气泡增加，局部放电增强，又近一步增加了氢气，如此恶性循环导致设备内部发热。

4　监督意见

互感器设备运行时，应严格开展带电检测和巡视，运行中要充分运用红外测温手段观察是否存在异常发热迹象。加强设备出厂验收，督促厂家加强设备运输及仓储阶段的管控，杜绝问题设备流向电网。

案例 41　220kV 干式电流互感器内部进水导致电压致热

监督专业：电气设备性能　　监督手段：例行试验
监督阶段：运维检修　　问题来源：设备制造

1　监督依据

DL/T 664—2016《带电设备红外诊断应用规范》附录 B 规定电压致热型设备缺陷诊断判据：电流互感器（油浸式）温差大于 2～3K，属电压致热型严重及以上缺陷。

2　案例简介

2016 年 7 月 9 日，运检人员在对某 220kV 变电站红外测温时发现：220kV 旁路 2710 电流互感器 A、C 两相下节存在电压致热型缺陷。同相对比 A 相温差为 4.2K，C 相温差为 10.4K。通过多次跟踪，经汇报相关部门，2017 年 7 月 11 日对 3 台电流互感器进行了更换。

3　案例分析

3.1　现场试验

旁路 2710 电流互感器 A 相，最高温度为 32.2℃/28.0℃（见图 1）。旁路 2710 电流互感器 B 相，最高温度为 29.8℃/27.3℃（见图 2）。旁路 2710 电流互感器 C 相，Ar1、Ar2 最高温度分别为 36.6、26.2℃（见图 3），测试距离为 4.8m。

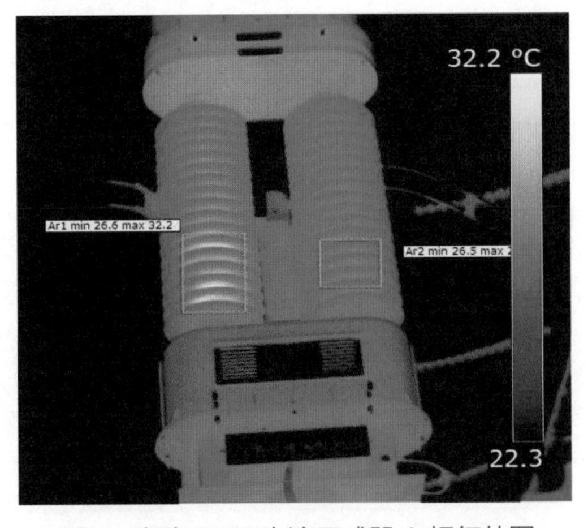

图 1　旁路 2710 电流互感器 A 相红外图

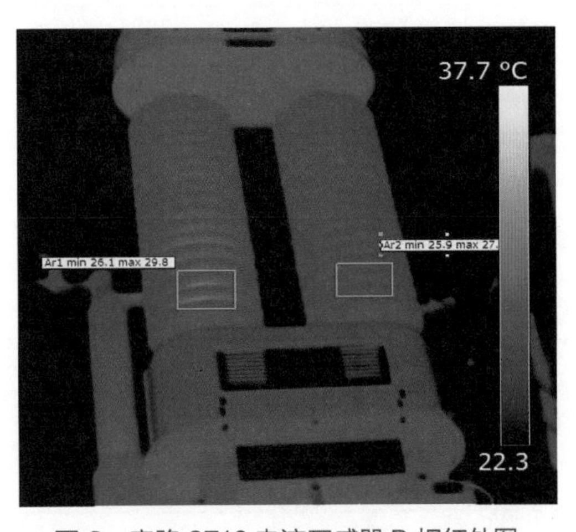

图 2　旁路 2710 电流互感器 B 相红外图

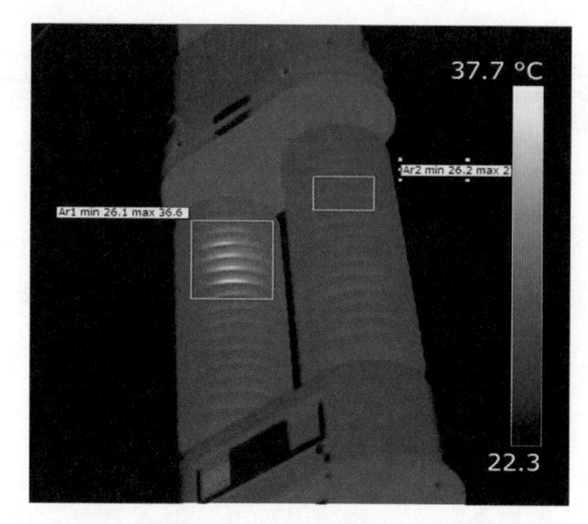

图3 旁路2710电流互感器C相红外图

下节同相比较，A相温差为4.2K，C相温差为10.4K。根据DL/T 664—2016附录B规定的电流互感器电压致热型设备缺陷诊断判据，暂定2710电流互感器A、C两相为危急缺陷。按照运检部安排，2017年7月11日对3台电流互感器进行了更换。

3.2 原因分析

3.2.1 诊断性试验

2016年7月11日，运检人员对2710电流互感器进行介质损耗、电容量试验和绝缘电阻测试，测试结果如表1和表2所示。

表1 2016年7月11日测试结果

相别	tanδ及C_x测试			绝缘电阻测试	
	P1P2－E			P1P2－E	E－外壳
	U（kV）	C_x（pF）	tanδ（%）		
A	10	184.7	0.149	91 000	160
B	10	180.9	0.099	132 000	3600
C	10	149.7	0.214	76 000	130

表2 2012年11月1日测试结果

相别	tanδ及C_x测试			绝缘电阻测试	
	P1P2－E			P1P2－E	E－外壳
	U（kV）	C_x（pF）	tanδ（%）		
A	10	184.2	0.136	≥100 000	≥100 000
B	10	180.4	0.086	≥100 000	≥100 000
C	10	183.9	0.089	≥100 000	≥100 000

比较2016年（见表1）和2012年（见表2）测试数据：C相tanδ及C_x均变化较大，绝缘电阻降低较多；A相tanδ及C_x均变化不大，绝缘电阻降低较多；B相tanδ及C_x均变化不大，绝缘电阻变化不大。

分析认为：C 相、A 相电流互感器均不合格。

3.2.2　现场解体

对异常电流互感器外观检查发现，挡板只是放置在法兰上，用螺栓固定，未加装橡胶垫，很容易进水受潮（见图 4）。

(a)

(b)

图 4　旁路 2710 异常电流互感器外观

（a）未用螺栓固定挡板；（b）卸下的挡板盖

将 C 相下节上金属法兰卸下后，发现套管端部有水和氧化物，拆下螺栓，气压连通后，轻轻摇晃，下套管有水珠流出（见图 5）。

将 C 相二次侧盖板打开，可以看到二次绕组受潮（见图 6）。

通过外观和解体检查，确定旁路 2710 电流互感器电压致热型严重及以上缺陷的主要原因为 C 相严重受潮，A 相轻度受潮。

(a)

(b)

图 5　旁路 2710 电流互感器套管进水情况

（a）进水情况；（b）套管

(a)

(b)

图6　旁路2710电流互感器二次绕组异常

（a）C相；（b）A相

4　监督意见

加强互感器的红外精确测温，建立红外测温热谱图谱库，重点关注互感器本体温度，相同部位温度横向比较不超过3K，若怀疑内部存在严重缺陷，必须停电检查试验。对于干式电流互感器，在运维检修过程中，检修人员应加强红外精确检测，判断是否存在电压致热型缺陷，对存在电压致热型缺陷的电流互感器在清洁表面后开展诊断性试验，通过试验确定缺陷。

案例 42 220kV SF_6电流互感器防爆膜破裂导致漏气

监督专业：电气设备性能　　监督手段：带电检测
监督阶段：运维检修　　问题来源：设备制造

1 监督依据

《变电设备带电检测工作指导意见》规定 SF_6 断路器中 SF_6 气体泄漏检测：各部位无泄漏现象。

2 案例简介

2013 年 6 月 28 日，某 220kV 变电站 220kV 侧 2702A 相电流互感器（见表 1）发生了 SF_6 低气压报警缺陷（A 相为 0.35MPa、B、C 两相为 0.4MPa），激光检漏没有发现明显漏气点，当时进行了补气处理（补至 0.41MPa）。8 月 7 日 2702A 相电流互感器再次发生 SF_6 低气压报警缺陷（A 相为 0.35MPa，B、C 两相为 0.4MPa），发现 2702A 相电流互感器顶部有明显漏气现象，压力快速降至为零，检修人员对该电流互感器进行了更换处理。

表 1　　设备基本信息

安装地点	220kV 变电站	运行编号	2 号主变压器 220kV 侧 2702A 相电流互感器
产品型号	LVQB－252W2	出厂编号	
出厂日期	2013.10		

3 案例分析

3.1 现场检修、试验

2013 年 6 月 28 日，某 220kV 变电站 220kV 侧 2702A 相电流互感器发生了 SF_6 低气压报警缺陷（A 相为 0.35MPa、B、C 两相为 0.4MPa），激光检漏没有发现明显漏气点，当时进行了补气处理（补至 0.41MPa）。2013 年 8 月 7 日 15 时 50 分再次发生 2702A 相电流互感器 SF_6 低气压报警缺陷（A 相为 0.35MPa，B、C 两相为 0.4MPa），检测人员及时赶赴现场，对 2702A 相电流互感器进行了激光检漏测试，从检漏仪显示屏和观察孔可看到 2702A 相电流互感器顶部有明显漏气现象，且气体压力有明显降低趋势，到 17 时 41 分压力降至 0.1MPa，18 时压力降至为零（见图 1），随后检修人员对该电流互感器进行了更换处理。

激光检漏测试发现，2702A 相电流互感器顶部有明显漏气现象，气体呈喷射状时而向上喷散，时而随风左右飘散。工作人员使用激光检漏仪对 2702A 相电流互感器漏气部位进行了检漏视频摄录和拍照。

从现场检漏情况看，漏气点在电流互感器的顶部，根据设备结构初步分析怀疑为顶部防爆膜密封遭到破坏，从压力下降迅速来看，怀疑电流互感器防爆膜破裂。

图1 气体压力表指示接近为零

3.2 原因分析

2013 年 8 月 8 日，对 2702A 相电流互感器进行了停电检查，发现防爆膜已破裂且沿破裂处有氧化锈蚀痕迹（见图 2）。本次故障的主要原因是防爆膜存在结构性缺陷（凹式结构），且出厂时没有加装防雨帽等保护措施，易积水、积雪，冬天结冰时体积膨胀，极易造成防爆膜挤电压互感器形损伤，发生漏气缺陷，达到一定程度时防爆膜破裂，使 SF_6 气体完全泄漏。

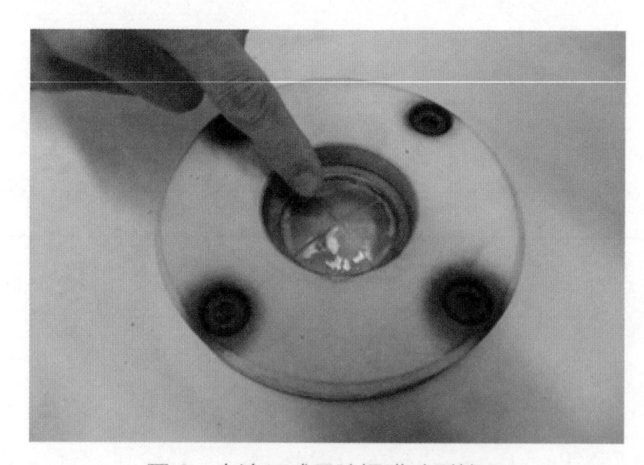

图2 电流互感器防爆膜破裂情况

4 监督意见

在设备选型阶段，要杜绝存在结构性缺陷的条款，并在技术规范书中体现；存在类似结构性缺陷（凹式结构且没有加装防雨雪措施），易积水、积雪，温度较高和较低时，均易造成防爆膜损伤破损，致使设备绝缘遭到致命破坏；对该家族性缺陷开展全面隐患排查，对防爆膜存在问题的设备进行防雨罩加装改造；严把设备监造及验收关，把 SF_6 电流互感器防爆膜结构形式及完善措施作为一项重要内容进行把关，在源头上杜绝存在隐患的设备进网运行。

案例 43　110kV 电流互感器末屏接触不良导致发热

监督专业：绝缘监督　　监督手段：带电检测
监督阶段：设备运维　　问题来源：设备安装

1　监督依据

DL/T 664—2016《带电设备红外诊断应用规范》表 B.1 的电压致型设备缺陷诊断判据。

2　案例经过

2014 年 3 月 6 日，运检人员对某 220kV 变电站运行设备进行红外线检测时发现某 110kV 线 726 电流互感器（见表 1）A 相末屏金属罩帽表面温度与 B、C 相相比存在温差（见图 1）。A、B 相末屏罩帽表面温度温差为 3.6℃。在停电检测时未发现异常。停电后经检修人员对末屏接触部位调整，互感器运行正常。

表 1　　互感器铭牌信息

安装地点	220kV 变电站	运行编号	某 110kV 线 726
产品型号	LB6－110W2	出厂编号	A：107
出厂日期	2008.5		

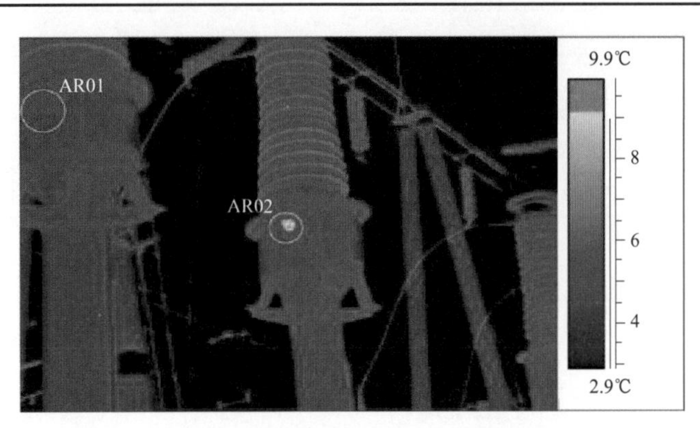

图 1　110kV 电流互感器 A 相末屏发热红外图谱

3　案例分析

3.1　现场试验

2014 年 3 月 6 日，带电检测人员对某 220kV 变电站运行设备进行红外线检测时发现某 110kV 线 726 电流互感器 A 相末屏金属罩帽表面温度与 B、C 相相比存在温差。某 110kV 线 726 电流互感器 A 相末屏金属罩帽表面发热温度为 9.4℃（AR02 处）；某 110kV 线 726 电流互感器 B 相末屏金属罩帽表面发热温度为 5.8℃（AR01 处）；A、B 相末屏罩帽表面温度温差为3.6℃。

将缺陷情况及时汇报后，检修人员对某110kV线726电流互感器进行停电检查试验，对电流互感器本体进行取样化验分析。比对原始数据电气试验、油化验分析未发现726电流互感器A相存在异常情况，试化验数据合格。工作人员对电流互感器末屏套管、接地杆进行外观检查也未发现明显异常放电过热点。2013年6月17日红外图谱如图2所示。相关检测结果如表2～表6所示。

图2　2013年6月17日红外图图谱

表2　2014年3月6日绝缘电阻检测　（MΩ）

试验日期	2014.3.6	温度	8℃	湿度	46%	天气	晴
使用仪表	S1－552智能绝缘电阻表						
相别	一次绕组对二次绕组、末屏及地		二次绕组对一次绕组、末屏及地		末屏对一次绕组、二次绕组及地		
A	≥10 000		—		≥10 000		

表3　2014年3月6日介质损耗检测

试验日期	2014.3.6	温度	8℃	湿度	46%	天气	晴
使用仪表	AI－6000F型介质损耗仪						
相别	一次绕组对末屏				末屏对二次绕组及地		
	C_x（pF）		tanδ（%）		C_x（pF）		tanδ（%）
	671.2		0.225		1194		0.363

表4　2011年3月8日绝缘电阻检测　（MΩ）

试验日期	2011.3.8	温度	13℃	湿度	50%	天气	晴
使用仪表	S1－552智能绝缘电阻表						
相别	一次绕组对二次绕组、末屏及地		二次绕组对一次绕组、末屏及地		末屏对一次绕组、二次绕组及地		
A	≥10 000		—		≥10 000		

表 5　　2011 年 3 月 8 日介质损耗检测

试验日期	2013.6.19	温度	36℃	湿度	54%	天气	晴
使用仪表	AI－6000F 型介质损耗仪						
相别	一次绕组对末屏				末屏对二次绕组及地		
	C_x（pF）		tanδ（%）		C_x（pF）		tanδ（%）
A	670.9		0.309		—		—

表 6　　2014 年 3 月 6 日电流互感器 A 相油色谱化验数据

气体成分	A 相含量（μL/L）
氢气（H_2）	40
甲烷（CH_4）	4.82
乙烷（C_2H_6）	0.35
乙烯（C_2H_4）	0.19
乙炔（C_2H_2）	0
烃总	5.36
一氧化碳（CO）	319
二氧化碳（CO_2）	621
分析意见	正常

2014 年 3 月 10 日晚间，试化验班对 110kV 某线 726 电流互感器进行红外复检，电流互感器 A 相末屏金属罩帽发热情况消失，A、B 相末屏金属罩帽表面温度基本一致，处理后红外图谱如图 3 所示。

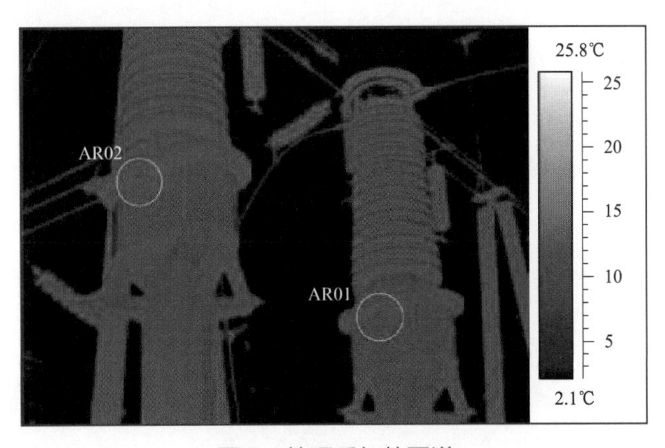

图 3　处理后红外图谱

某 110kV 线电流互感器 A 相末屏金属罩帽表面温度为 12.2℃（AR01 处）；110kV 黄桥线电流互感器 B 相末屏金属罩帽表面温度为 12.4℃（AR02 处）。

依据红外检测电流互感器末屏金属罩帽发热情况及电气试验、油化验分析数据，现场工作人员判断电流互感器末屏金属罩帽发热情况可能是因末屏金属罩内置弹簧末端与金属

图4 电流互感器A相末屏接地金属罩帽

罩帽接触不良。随后工作人员对末屏金属罩帽内弹簧片进行多次旋转、推合，反复检查弹簧片弹性后，认为弹簧片弹性良好，现能够确保电流互感器末屏接地良好，726 电流互感器 A 相可恢复运行。

3.2 原因分析

（1）726 电流互感器末屏接地为内置式接地，即电流互感器 A 相末屏罩金属罩帽为带有弹簧装置的金属接地套（见图 4），金属接地套受内部弹簧的压力与电流互感器末屏引线柱紧密接触，使得电流互感器末屏可靠接地。弹簧片弹性丧失、固定松动剂偏移变形等会造成末屏引线柱接地不良。当末屏接地不良时，其绝缘电位产生悬浮，电流互感器电容屏不能起均压作用，导致末屏对地电位高达千伏级以上，可能烧毁电流互感器，引发严重事故。

（2）现场工作人员试验后恢复电流互感器末屏金属罩帽操作步骤不准确，导致末屏金属罩内置弹簧末端与金属罩帽接触不良。安装末屏金属罩帽时，应对内弹簧片进行多次旋转、推合，反复检查弹簧片弹性，以确认弹簧片弹性良好。

4 监督意见

互感器类设备运维时，应定期开展设备特巡和带电检测，特别是对末屏部位的红外测温，确保设备安全稳定运行。检修、试验人员检修后，应重点检查末屏部位是否安装到位，避免预留设备隐患。

案例 44　110kV 电流互感器二次回路松动导致本体过热及振动

监督专业：电气设备性能　　监督手段：带电检测
监督阶段：设备运维　　问题来源：设备安装

1　监督依据

Q/GDW 168—2008《输变电设备状态检修试验规程》第 5.4.1.3 条规定检测高压引线连接处、电流互感器本体等，红外热像图显示应无异常温升、温差和/或相对温差。第 5.4.1.4 条规定油中溶解气体分析：乙炔不超过 2μL/L（注意值）；氢气不超过 150μL/L（注意值）；总烃不超过 100μL/L（注意值）。根据 DL/T 664—2016《带电设备红外诊断应用规范》附录 B（规范性附录）电压致热型设备缺陷诊断依据，温差在 0.5～1K，有整体发热或局部发热为异常。

2　案例简介

2014 年 1 月 15 日，设备红外检测发现某 220kV 变电站 944 电流互感器（见表 1）A 相整体温度较 B、C 相偏高，A 相最高温度为 13.8℃，B 相最高温度为 10℃，C 相最高温度为 9.6℃，如图 1 所示。1 月 16 日，复测 A 相温度偏高，且靠近互感器能感觉到 A 相明显的振动声响。1 月 26 日，将电流互感器检查试验，一次试验数据合格；测量电流互感器二次回路电阻，测试结果显示 A 相至波测距屏二次绕组有接触不良现象。检查发现行波测距屏 A 相电流回路连片接触不良，未紧固，紧固处理后缺陷消失。

表 1　　944 电流互感器主变压器基本信息

安装地点	某 220kV 变电站	运行编号	944 电流互感器
产品型号	LVB－110W3	出厂编号	1140649
额定电流/A	2×800/5　5 绕组	油号	NYNAS 油
出厂日期	2014.6.1		

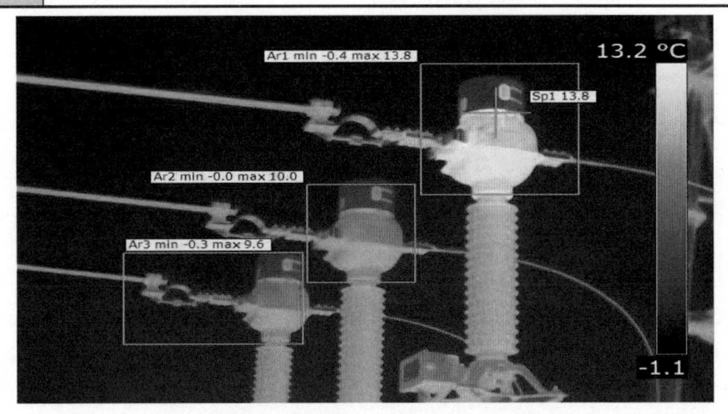

图 1　电流互感器三相红外温度对比

3　案例分析

3.1　现场试验

2014 年 1 月 15 日，设备红外检测发现 A 相电流互感器整体温度较 B、C 相偏高，如图 1 所示（检测时负荷电流为 153.6A），A 相最高温度为 13.8℃，B 相最高温度为 10℃，C 相最高温度为 9.6℃。

1 月 16 日进行复测（见图 2），测试时负荷电流为 150A。两次测试结果，A 相温度均偏高。测试时环境温度为 7℃。靠近互感器能感觉到 A 相明显的振动声响。

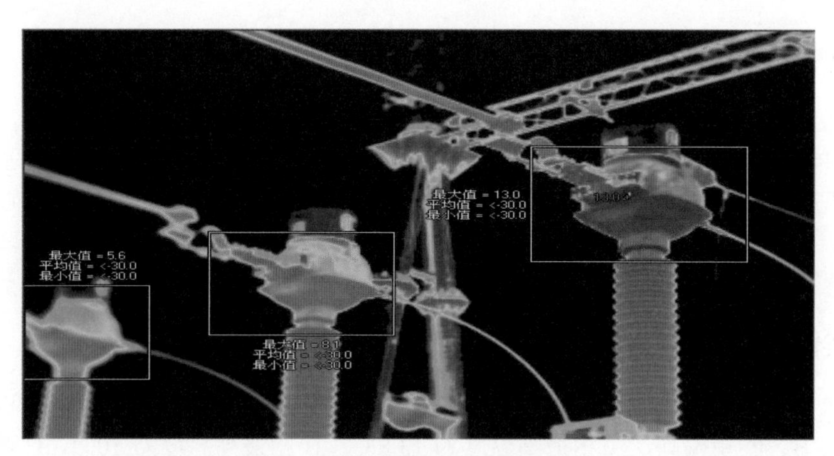

图 2　三相红外温度对比（复测）

1 月 26 日，将 944 断路器转检修进行电流互感器检查、试验。电气试验测试数据如表 2 和表 3 所示，试验数据合格。

表 2　　介质损耗试验数据

相别	介质损耗		直流电阻/μΩ	绝缘电阻
	C_x（pF）	tanδ（%）		
A 相	234	0.391%	12	无穷大
B 相	233.0	0.417%	10	无穷大

表 3　　油样色谱分析数据　　（μL/L）

气体组分	CH_4	C_2H_4	C_2H_6	C_2H_2	总烃	H_2	CO	CO_2
A 相含量	0.6	0	0	0	0.6	3.7	53.8	69.5
B 相含量	0.7	0	0	0	0.7	3.2	49.6	60.1

测量电流互感器二次回路电阻，三相到户外合并单元控制箱的二次回路电阻均为 1.3Ω 左右。至控制室行波测距屏的二次绕组，A 相测得电阻约为 2000kΩ，B 相约为 2.6Ω，C 相约为 1.9Ω，测试结果显示 A 相至行波测距屏二次绕组有接触不良现象。检查发现行波测距屏 A 相电流回路连片接触不良，未紧固。进行紧固处理后，测量其二次回路电阻为 2.5Ω。

缺陷处理后于 1 月 26 日 18 时 25 分，944 断路器转运行。20 时 30 分，进行红外测试，

A、B、C 三相温度较均衡，分别为 9.9℃、9.9℃、10.1℃（测试时负荷电流为 102A），如图 3 所示。靠近 A 相电流互感器，异常声响消失。

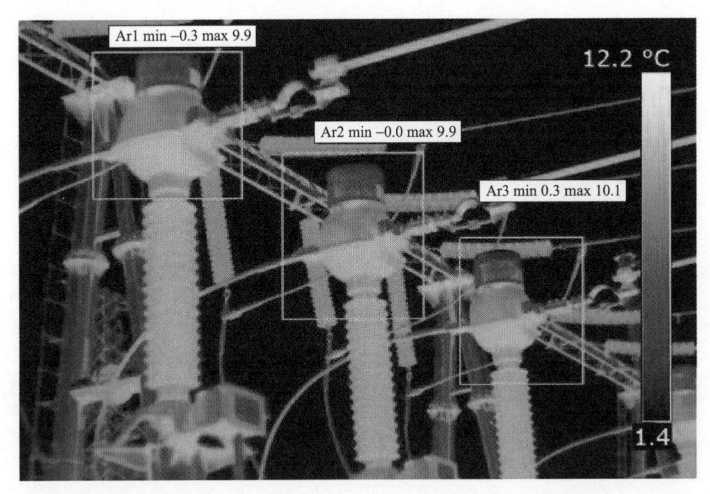

图 3　1 月 26 日三相红外温度对比（缺陷处理后）

3.2　原因分析

电流互感器本体整体过热，但停电试验全部绝缘项目、绝缘油全分析、色谱分析数据正常，判断为二次开路过励磁引起。全面进行二次回路检查发现 A 相至行波测距屏二次绕组有接触不良现象，检查发现行波测距屏 A 相电流回路连片接触不良，未紧固。

电流互感器 A 相过热，声响异常，主要原因：A 相电流互感器至行波测距二次回路接触不良，导致电流互感器铁芯磁通密度增加，铁芯损耗增大引起发热，同时磁通密度增加产生非正弦波，使硅钢片振动不均匀，从而产生异常声响。

4　监督意见

根据 Q/GDW 11075—2013《电流互感器技术监督导则》第 5.9.3.1 条　设备巡视 c）中规定，严格按照 DL/T 664—2016 的规定，加强互感器的红外精确测温，建立红外测温热谱图谱库，重点关注互感器本体温度，相同部位温度横向比较不超过 3K，若怀疑内部存在严重缺陷，必须停电检查试验。运行中强化红外带电检测，还应仔细监听设备是否存在异常声响，为准确判断缺陷类型、部位提供依据。

第 7 章　电压互感器

案例45 220kV电容式电压互感器二次电抗器烧损致使设备异常发热

监督专业：电气设备性能　　监督手段：红外测试
监督阶段：运维检修　　问题来源：设备质量

1 监督依据

DL/T 664—2016《带电设备红外诊断应用规范》的8.1表面温度判断法、8.2同类设备比较法、8.3图像特征判断法。

2 案例简介

2009年10月30日，220kV某变电站按计划启动送电。

10月31日11时30分，在投运后首次红外测试中发现220kVⅡ段母线C相电容电压互感器（CVT）（见表1）中间变压器油箱温度异常，其C相中间变压器油箱温度明显高于其他两相，二次专业配合检查中发现Ⅱ段母线CVT三相不平衡电压为14V，现场汇报后将该CVT紧急停运。停运后在开展的油汽化验中发现微水及油中溶解气体各组分含量均严重超出注意值，判断绝缘油内含有水分，且油箱内部存在300～700℃高温故障。

11月6日，厂家备品运至现场进行了更换，同时为弄清楚故障原因，对该CVT进行现场解体，打开后发现油箱内绝缘油浑浊，速饱和继电器已烧坏，经过分析判断故障原因为速饱和继电器电感线圈质量不佳及油中含有微量水分所致，如表1所示。

表1　　220kVⅡ段母线CVT基本信息

安装地点	220kV某变电站	运行编号	220kVⅡ段母线CVT
产品型号	TYD220/$\sqrt{3}$ －0.01H	出厂编号	1V77
出厂日期	2009.1		

3 案例分析

3.1 现场试验

3.1.1 缺陷发现经过

2009年10月30日，220kV某变电站按计划启动送电，10月31日11时30分，在投运后首次红外测试中发现220kVⅡ母线C相CVT中间变油箱温度异常（见图1），C相中间变油箱温度明显高于其他两相，其油箱温度达80℃（正常相仅为26℃），同时二次专业配合检查中发现Ⅱ段母线CVT三相不平衡电压为14V，也大大异于正常情况。初步判断该CVT存在严重缺陷，经汇报省调进行停电检查处理，并与设备生产厂家联系备品。

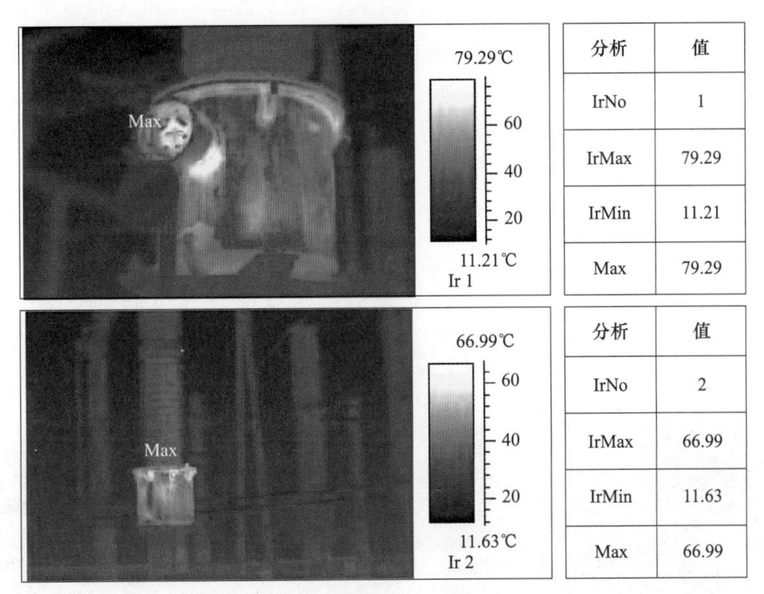

分析	值
IrNo	1
IrMax	79.29
IrMin	11.21
Max	79.29

分析	值
IrNo	2
IrMax	66.99
IrMin	11.63
Max	66.99

图 1 红外测温图

3.1.2 故障跟踪处理经过

CVT 停运后，对该相电压互感器进行了试验、化验等检查，具体数据如表 2 和表 3 所示。

表 2 电磁单元二次侧直流电阻试验数据

二次绕组（Ω）	相别	
	B	C
1a1n	0.026 4	0.027 0
2a2n	0.050 7	0.054
dadn	0.332	0.34

表 3 电磁单元油色谱分析数据 （μL/L）

H_2	CO	CO_2	CH_4	C_2H_4	C_2H_6	C_2H_2	总烃
1258	1298	9226	1257.7	3588.9	4857.3	0	9703.9

微水分析结果得到微水含量为 56.8mg/L。

3.1.3 初步分析

（1）查阅该 CVT 安装及验收过程中所进行的变压比检测、极性检测、绝缘电阻检测、二次绕组直流电阻检测、电容单元的电容量及其介质损耗等相关试验结果分析，上述试验所检测的电容分压单元没有问题。

（2）从红外图像来看，最热处为二次侧接线盒与箱体结合处，发热点可能与此处距离较近，整个箱体发热温度很高，表明导致发热的故障能量较大。

（3）油化验结果分析，油中溶解气体各组分含量严重超标，用三比值法判断箱体内存在小于 700℃的过热故障。

（4）综合分析，该 CVT 可能存在缺陷为：电磁单元绕组、阻尼线圈等存在局部绝缘缺陷，运行过程中绝缘老化，造成匝间短路、过热，最终导致一次绕组绝缘击穿、烧断，从而出现 CVT 二次电压降低。

11 月 6 日更换了备品设备。11 月 7 日，新 CVT 送电。

3.2 故障查找及原因分析

为尽快查明故障原因，在某变电站现场对故障 CVT 进行了解体检查，检查过程邀请厂家技术人员、省电科院相关专家参与。

解体时，首先松开螺栓，吊取电容分压器后，发现电容分压器首端出线套管根部连接线有明显的烧伤痕迹，如图 2 所示，而且电磁单元油箱内绝缘油浑浊。

电磁单元二次侧引接线有明显的烧伤痕迹，如图 3 所示。

图 2 电容分压器首端出线套管根部连接线情况

图 3 电磁单元二次侧引接线情况

将下节电容器用吊车吊起，用电容表测量电容量，测量结果显示正常，如表 4 所示。

表 4 电容器单元电容量

电容	出厂值（μF）	实测值（μF）
C_1	0.020 6	0.020 5
C_2	0.100 8	0.100 2

抽干绝缘油后即发现并联在剩余绕组上的速饱和电抗器有明显的烧毁现象，如图 4 所示。该速饱和电抗器由一阻尼电阻和电感组成，其电阻也有明显的烧毁痕迹，如图 5 所示。

图 4 速饱和电抗器烧毁情况

图 5 阻尼电阻烧毁情况

串联的电感线圈已完全烧毁，如图 6 所示。

(a)

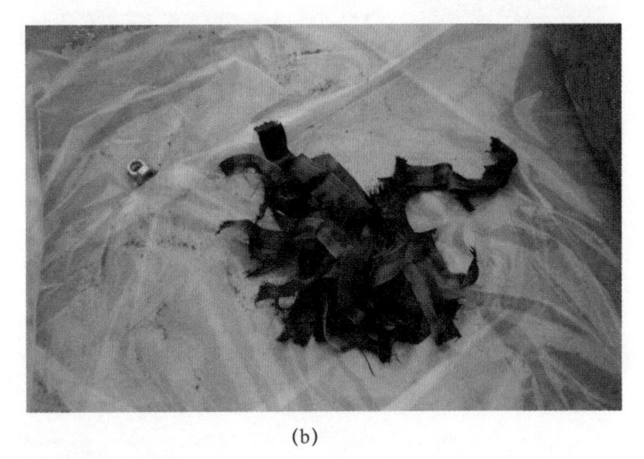
(b)

图 6　电感烧毁情况

（a）烧毁的电感线圈；（b）烧毁的绝缘材料

根据现场解体检查结果，分析故障的原因：绝缘油或者油箱内固体绝缘干燥不彻底，其中含有微量水分，同时电感线圈质量不高，导致互感器的二次侧辅助绕组中的速饱和电抗器存在缺陷，这样在带电过程中，绝缘薄弱点被击穿，导致匝间短路，从而流过速饱和电抗器上的电流增加导致温度升高，红外测温及色谱出现异常。故障原理示意图如图 7 所示。

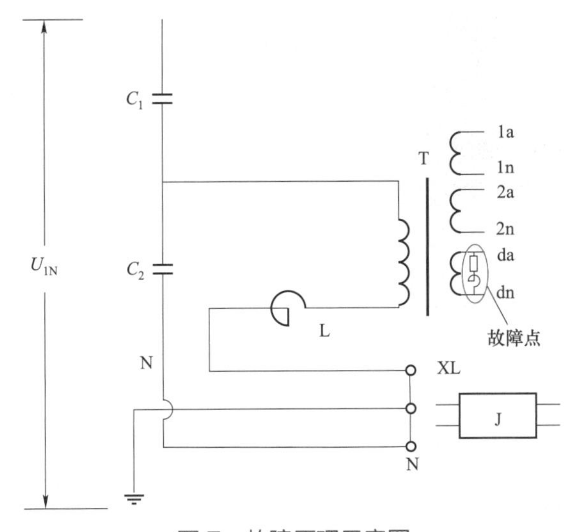

图 7　故障原理示意图

因为电感线圈存在匝间短路，剩余绕组的等效匝数减小，所以根据互感器工作原理，可知出现二次电压较其他两相偏小、三相电压不平衡，同时短路电流使电感线圈严重发热，致使中间变压器油箱温度升高。

4　监督意见

该型号电压互感器已经出现多起类似故障，存在家族性缺陷可能。建议对同厂、同型号产品取油样进行化验，如有异常应及时进行更换。日常应加强电压互感器二次电压监测，出现异常时及时查明原因，并对设备本体进行红外测温。

案例46 220kV电压互感器电容引线叠压在顶层盖板密封圈处导致密封不严漏油

监督专业：电气设备性能　　监督手段：故障消缺
监督阶段：设备运维　　问题来源：设备制造

1 监督依据

GB 50147—2010《电气装置安装工程　电力变压器、油浸电抗器、互感器施工及验收规范》第5.3.1条规定，油位指示器、瓷套与法兰连接处、放油阀均应无渗油现象。

《国家电网公司变电检修通用管理规定　第7分册　电压互感器检修细则》第3.4.2条规定，油浸式互感器应无渗漏油现象，油位正常。

2 案例简介

2013年8月18日，运维人员巡检发现2777 A相线路电压互感器漏油现象，电压互感器顶部法兰及瓷套发现大面积油迹，如图1所示。

图1　顶部法兰及瓷套油迹情况

得到情况后，某供电公司运检部、检修试验工区立即赶到现场进行查看，并组织专业人员对电压互感器进行外观、油位检查，经检查发现线路电压、高频通道测试、红外发热检查等均符合运行条件，同时考虑到8月份连续高温大负荷期间保电工作及备品、备件准备，遂汇报省调、省公司运检部及省电科院，并建议设备暂时运行，同时加强监视，做好应急预案，待备品运抵后进行电压互感器更换。

根据某供电公司反馈信息，省公司运检部和省电科院分析缺陷设备可以继续运行，但应加强监测，制订好应急预案，同时要求某供电公司立即联系生产厂家重新提供一组电压互感器，抓紧完成缺陷设备更换。

更换前检修试验工区每天组织检修、试验、保护专业人员进行联合巡检，对电压互感器外观、油位、红外发热情况、线路电压、高频通道是否正常等项目进行不间断检查，巡检期间详细记录测试时间、环境温度、负荷情况等，及时掌握设备的运行状况，建立设备运行状态档案，对设备运行情况实行动态管理，确保设备更换前安全稳定运行。

8月29日备品电压互感器运抵该变电站，检修试验工区完成对电压互感器的检查试验。9月2日完成电压互感器更换。

3　案例分析

9 月 3 日，省公司运检部、省电科院会同某供电公司、设备生产厂家对缺陷设备进行了解体检查，在打开的电压互感器顶部金属膨胀器盖板上，发现电容引线叠压在法兰密封圈和顶部金属膨胀器上盖板之间，如图 2 和图 3 所示。

图 2　电容引线叠压法兰密封圈位置及叠压痕迹

图 3　电容引线叠压顶部金属膨胀器上盖板位置及痕迹

根据现场解体情况来看，顶层注油孔橡胶垫片接触面干燥无油迹，抽真空孔密封良好（见图 4），电容引线叠压在顶层法兰和盖板密封圈处且压痕明显，因此，此次电压互感器漏油是由于生产厂家制造工艺粗糙，装配不当，造成电容引线叠压在顶层盖板密封圈处导致密封不严漏油。

图 4　盖板顶层抽真空阀密封

4　监督意见

（1）要求设备厂家提高工艺水平，加强产品质量控制。

（2）对在运该厂家生产的 TYD220 $\sqrt{3}$ –0.005H 电压互感器进行排查，检查是否存在该缺陷，并有计划地开展消缺工作。

（3）设备运维单位要加强对该生产厂家产品的巡视工作，特别是高温大负荷期间，加强巡视，并做好必要的事故预想，一旦发现顶部金属盖板有渗漏油痕迹，应抓紧联系更换，防止潮气进入而引起电容器内部故障，甚至更大故障发生。

案例47 220kV电容式电压互感器中间变压器一次绕组绝缘短路造成二次电压异常

监督专业：电气设备性能　　监督手段：停电试验
监督阶段：设备运行　　问题来源：设备制造

1 监督依据

Q/GDW 1168—2013《输变电设备状态检修试验规程》第5.6.1.4条规定，除例行试验外，当二次电压异常时，也应进行本项目（分压电容器试验）。

2 案例简介

2016年5月13日凌晨，值班员发现220kV某变电站220kVⅡ段母线A相电压出现异常，有关保护装置告警，随后对220kVⅡ段母线A相CVT（见表1）停电进行检查试验，试验中使用CVT自激法测量电磁单元电容量及介质损耗因数时，试验电压只加至438V，未能加至设定的2500V。用绝缘电阻表测试N点（电容末端）对地绝缘电阻为0。油样气相色谱试验检测出乙炔，确认A相CVT本身存在放电故障，于是申请将该设备退出运行。后于5月16日完成新CVT的交接试验及更换投运，新设备运行后二次电压正常。

表1　Ⅱ段母线A相CVT基本信息

安装地点	220kV某变电站	运行编号	220kV Ⅱ段母线A相CVT
产品型号	TYD220/ $\sqrt{3}$ －0.01H	出厂编号	90620D
额定电压	220/ $\sqrt{3}$ kV	电容量	0.01μF
出厂日期	2009.7		

6月23日，对拆下的故障CVT进行了解体检查和试验，发现是故障CVT中间变压器一次绕组匝间绝缘受潮引起局部绝缘放电，一次绕组绝缘被击穿短路导致二次电压异常。中间变压器一次绕组匝间绝缘损坏如图1所示。

图1　中间变压器一次绕组匝间绝缘损坏

3 案例分析

3.1 现场试验

2016年5月13日凌晨，值班员发现该220kV某电站220kVⅡ段母线A相电压出现异常，有关保护装置告警，电气试验班接到变电运检室通知，220kV某变电站220kVⅡ段母线A相电压异常，现场需进行停电检查试验。试验中该 CVT 上节电容量及介质损耗因数测试值合格。使用 CVT 自激法测量下节电容量及介质损耗因数时，试验电压只加至 438V，未能加至设定 2500V，电容量及介质损耗因数测试值合格。用绝缘电阻表测试上节、下节及二次绕组绝缘电阻值均合格，N 点（电容末端）对地绝缘电阻为 0，二次绕组直流电阻测试值合格。后又在该 CVT 一次侧施加试验电压 5000V，在二次侧端子侧依次测量电压均为 0。依据 Q/GDW 1168—2013《输变电设备状态检修试验规程》标准，初步判断该 CVT 电磁单元出现异常状态。

对Ⅱ段母线 A 相 CVT 油样进行气相色谱试验，使击穿电压为 19kV，油中水分为 126mg/L，气相色谱试验信息如表 2 所示。

表 2　Ⅱ段母线 A 相 CVT 油样气相色谱试验信息

气体组分	含量（μL/L）	气体组分	含量（μL/L）
H_2	5358	C_2H_2	724
CH_4	1996	总烃	11 474
C_2H_4	5514	CO	9043
C_2H_6	3214	CO_2	113 843

由油气试验数据可以发现，该 CVT 电磁单元内部固体绝缘因放电故障已损坏，结合电气试验结果（二次绕组直流电阻、绝缘电阻测试合格），判断电磁单元存在放电故障。

5 月 16 日电气试验班配合专业班组完成新 CVT 的交接试验及更换投运，运行后二次电压正常。

6 月 23 日上午，在试验大厅对故障 CVT 进行了解体检查。吊开下节电容（电容分压器）与电磁单元后，外观检测电容分压器（见图 2）正常，电磁单元油箱内油有异味。

观察电磁单元油箱内部，发现铁芯顶部一次绕组、二次绕组紧固螺栓及铁芯有部分锈蚀现象（见图 3）。

图 2　电容分压器

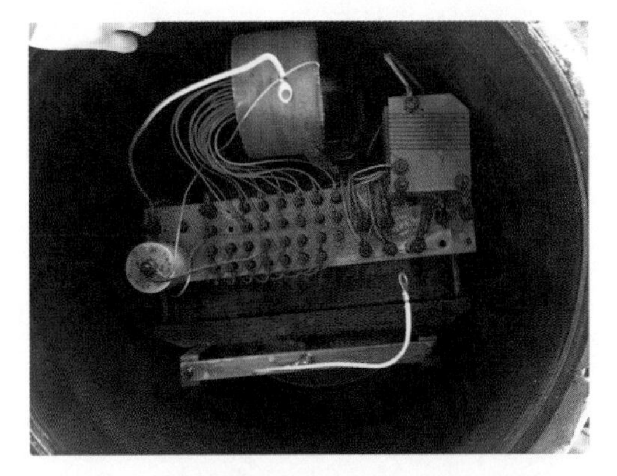

图 3　紧固螺栓及铁芯有部分锈蚀现象

为进一步确认故障点，现场人员又取出中间变压器，外观可见一次绕组绝缘已变色发黑（见图 4），打开后内部已烧焦（见图 5）。

图4　中间变压器一次绕组绝缘已变色发黑

图5　中间变压器一次绕组绝缘已烧焦

3.2　原因分析

综合故障后电气、油气试验结果及解体检查情况，总结分析，认为此次故障原因为该CVT电磁单元内部绝缘纸、固体绝缘件等出厂干燥不充分，长期运行中水分析出，从而造成一次绕组绝缘受潮，匝间绝缘降低，铁芯局部短路过热，导致在运行中出现部分绝缘放电被击穿短路，形成二次电压异常故障。

4　监督意见

该型号电压互感器已经出现多起类似故障，存在家族性缺陷可能。建议对同厂、同型号产品取油样进行化验，如有异常应及时进行更换。日常应加强电压互感器二次电压监测，出现异常时及时查明原因，并对设备本体进行红外测温。

案例 48　220kV 电容式电压互感器电磁单元放电导致红外异常及绝缘油烃类气体超标

监督专业：电气设备性能　　监督手段：带电检测

监督阶段：运维检修　　问题来源：设备制造

1　监督依据

Q/GDW 1168—2013《输变电设备状态检修试验规程》第 5.6.1.3 条规定，电磁单元温差不超过 2～3K。

2　案例简介

2013 年 7 月 9 日，红外测温发现 220kV Ⅱ段母线 A 相 CVT 电磁单元 A、B、C 三相的温度分别为 46.3℃、49.9℃、46.8℃，可以看出，B 相较 A、C 两相电磁单元温升过高，温差达 3K。CVT 三相油箱红外测温图像如图 1～图 3 所示。

图 1　电压互感器 A 相红外图谱

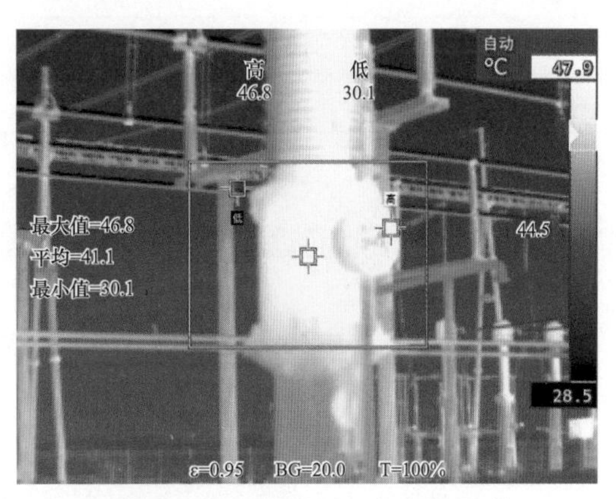

图 2　电压互感器 C 相红外图谱

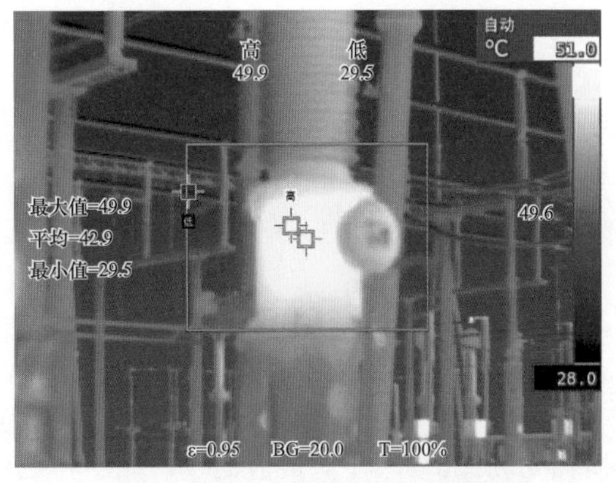

图 3　电压互感器 B 相红外图谱

3 案例分析

3.1 绝缘油试验

为进一步判断，取电磁单元油样，进行油中溶解气体、水分及击穿电压试验，试验结果如表 1 所示。

表 1　　绝缘油试验数据

气体组分（μL/L）	A 相	B 相	C 相
CH_4	67.775	655.491	22.245
C_2H_6	1386.767	6555.92	135.715
C_2H_4	142.962	2128.98	10.245
C_2H_2	0	1863.606	0.381
总烃	1597.504	11 203.997	168.588
H_2	26.718	2758.889	121.294
CO	78.994	3480.186	129.934
CO_2	1159.195	14 389.285	4733.098
微水（μg/g）	35	150	25
耐压（kV）	52.8	21.7	65.2

由表 1 可以看出，B 相电磁单元绝缘油微水、击穿电压不符合规程要求，油中气体乙炔、总烃、氢气含量超过注意值，根据改良三比值法（1、0、0），判断存在电弧放电。

3.2 现场试验

根据带电测试结果，可基本判断电磁单元存在故障。随后，安排停电进行对其进行试验。进行电容量及介质损耗试验如下：

（1）反接线考核下节电容及电磁单元：XL 与 N 点保持与地连接线，在 CVT 下节首端加压，上节电容悬空，施加 10kV 电压，无法加压。

（2）CVT 自激法：无法加压。

通过电气试验，可以判断电磁单元存在故障，下节电容器（C12、C2）可能存在异常。

3.3 解体分析

更换故障 CVT，将故障 CVT 解体，进一步分析故障部位和原因。

3.3.1 将电容器解体

将电容器与电磁单元解体，使用介质损耗仪单独对电容器进行考核，结果如表 2 所示，具体如下：

（1）正接线测量 C12 电容量：在下节首段加压，C12 末端 δ 点接 Cx，试验电压为 10kV，测得 C12 电容量为 29 110pF，介质损耗为 0.257%，与交接值比较，无明显变化。

（2）正接线测量 C2 电容量：在 δ 点加压，N 点接 Cx，试验电压为 3kV，测得 C2 电容量为 63 210pF，介质损耗为 0.226%，与交接值比较，无明显变化。

表2　　电容量及介质损耗

电容	C12		C2	
电容量（pF）	29 110	28 840（交接值）	63 210	62 930（交接值）
介质损耗（%）	0.257	0.243（交接值）	0.226	0.207（交接值）

根据试验结果，电容器 C12 与 C2 未发现异常，为进一步探究情况，将电容器解体。打开密封盖，密封垫状态良好，如图 4 所示。油中、电容器纸及铝箔表面未见异物，无放电痕迹，各引出点连接可靠，无脱落，如图 5 所示。通过试验和解体观察，可以说明，电容器绝缘良好，无异常。

图 4　电容器密封盖

图 5　电容器外表面

3.3.2　将电磁单元解体

（1）绝缘电阻测量。测量中间变压器绕组绝缘电阻，施加电压为 500V，绝缘电阻为 105MΩ；施加电压为 1000V 时，可以听到明显的放电声，绝缘电阻为 100MΩ；施加电压为 2500V 时，无法加压，绝缘电阻为 0。测量二次绕组，均为 4000MΩ 左右，二次绕组绝缘无异常。

（2）直流电阻。测得二次绕组直流电阻如表 3 所示，交接试验时温度为 11℃，把交接值换算至 28℃为 24.16、24.67、51.16mΩ。二次直流电阻与交接值差值不大于 2%，符合要求。用万用表测得一次直流电阻为 1543Ω，但无历史记录，无法判断。

表3　　二次绕组直流电阻　　（mΩ）

二次绕组	S1	S2	S3
直流电阻（28℃）	24.18	24.72	52.1
直流电阻（交接，11℃）	22.58	23.06	47.82

放出电磁单元绝缘油，绝缘油呈黑褐色，并有大量疑似铁锈、绝缘漆等杂质。打开电磁单元，由于中间变压器下部与油箱固定，现有工具无法取出，只能从上方看到，如图 6 所示，可见中间变压器一次绕组与主电容器连接点处（即 δ）有黑色放电痕迹。综上可以判断，中间变压器一次绕组发生故障。

图 6　中间变压器一次绕组放电痕迹

3.4　原因分析

综合试验数据及解体过程，认为 CVT 电磁单元绝缘受潮引起一次绕组绝缘不良，是故障的主要原因。因绝缘纸板受潮，出现局部放电，油隙中局部放电产生的电火花逐步烧蚀绝缘纸板，直至出现放电通道，丧失绝缘性能，最终导致中间变压器一次绕组发生放电故障。对于主要放电部位，在进一步解体后才能发现。对于受潮原因，考虑到电磁单元注油口密封紧密，可能是密封圈龟裂造成电磁单元箱体密封失效，外界的潮气和水分进入箱体内所致。

4 监督意见

CVT 设备运行中，可通过持续观测二次电压、红外测温、绝缘油试验带电检测方式发现此类缺陷，把好技术监督关口，严防设备故障引发电网事故。

案例 49　110kV 电容式电压互感器油箱内部发热

监督专业：电气设备性能　　监督手段：验收试验
监督阶段：设备验收　　问题来源：设备制造

1　监督依据

GB 50150—2016《电气装置安装工程　电气设备交接试验标准》第 7.0.9 条规定，绝缘电阻值不低于产品出厂试验值的 70%。

2　案例简介

2015 年 5 月 25 日晚 20 时，运检人员在对 220kV 某变电站进行红外测温特巡工作期间，发现 110kV Ⅱ段母线电压互感器（见表 1）B 相油箱有局部发热现象（见图 1）。B 相发热点最高温度达到 48.8℃。相同位置其他两相：A 相最高温度为 30.6℃，C 相最高温度为 29.7℃，最大温差为 19.1℃。随后经过红外复测和停电试验，确认为设备内部缺陷引起的表面发热。通过设备返厂拆解，发现问题设备油箱内阻尼电阻铁罩与油箱内部因绝缘纸破损构成环路，形成环流，造成内部发热。此次设备缺陷的及时发现，避免了因长期发热导致绝缘油劣化、绝缘材料老化，避免了可能导致的严重后果。

表 1　电压互感器基本信息

安装地点	220kV 某变电站	运行编号	110kVⅡ段电压互感器
产品型号	TYD110/$\sqrt{3}$ −0.02W3	出厂编号	A：19 575 B：19 577 C：19 576
出厂日期	2014.11		

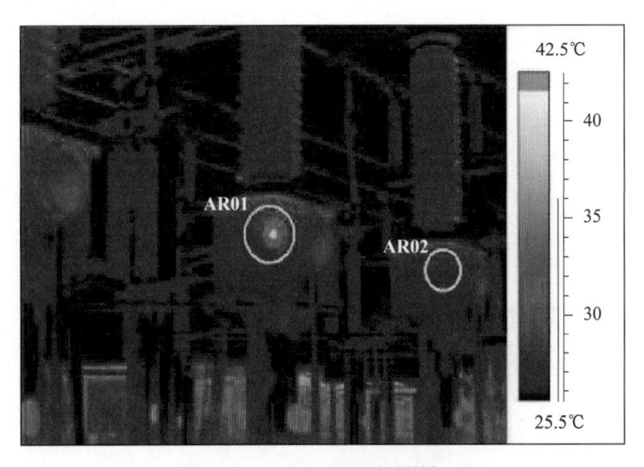

图 1　电压互感器发热情况

3 案例分析

3.1 现场试验

5 月 26 日 11 时，试验人员对 110kV Ⅱ段母线电压互感器间隔进行试验，对Ⅱ段母线 B 相 TV 进行了绝缘电阻试验、介质损耗试验及变比等一系列试验。试验结果如表 2～表 4 所示。

表 2 绝缘电阻试验结果

相别	绝缘电阻（MΩ）	
	C_1	C_2
A	＞10 000	＞10 000
B	＞10 000	＞10 000

表 3 介质损耗试验结果

相别	C_1		C_2	
	$\tan\delta$（%）	C_x（pF）	$\tan\delta$（%）	C_x（pF）
A	0.052	25 650	0.068	98 880
B	0.049	25 410	0.076	98 410

表 4 变比测试试验结果

相别	K	θ
B	1096	358

从电气试验数据分析，故障相电压互感器的一次侧及二次侧绝缘均正常，电容量及介质损耗均在正常范围内，未发现异常。变比 $K=1096$，与额定变比 1100 基本无变化。

3.1.1 阻尼电阻及二次电压测试

由于无法根据以上数据准确判断出故障类型，我们使用万用表测量了阻尼电阻 ZD1 和 ZD2：ZD1 为 3.2Ω、ZD2 为 4.9Ω，与设备出厂时的 3.3Ω 和 5.0Ω 也无明显差别。

现场试验后，依据现场测试数据，决定将 110kV Ⅱ段母线电压互感器投入运行，以观察温度变化情况和检查二次电压是否正确。二次电压测试结果如表 5 所示。

表 5 二次电压测试结果

相别	A	B	C
二次电压（V）	58.5	58.5	58.5

由表 5 可知，二次电压均正常，开口三角形二次电压为 0.395V。

3.1.2 油化验测试

油色谱分析结果（见表 6）合格，油质清澈透明，未发现异常。

表 6　油色谱测试结果　(μL/L)

H_2	CH_4	C_2H_6	C_2H_4	C_2H_2	总烃	CO	CO_2
5	6.45	0.81	0.17	0	7.43	46	308

3.1.3 现场检查结果

经过对故障设备的红外检测，停电试验和解体分析，初步确定了设备绝缘性能尚未受损，但是仍无法判断引起发热的具体原因，需进一步解体分析。现场试验结果如表 7 所示。

表 7　现场试验结果

试验日期	2016.6.11	温度	32℃	湿度	50%	天气	晴
使用仪表	S1－5001 智能绝缘电阻表、S1－552 智能绝缘电阻表				上层油温		29℃
试验电压（V）	500		1000		2500		
铁芯对夹件及地（MΩ）	≥10 000		≥10 000		10 000		
夹件对铁芯及地（MΩ）	0		0		0		
铁芯对夹件（MΩ）	≥10 000		≥10 000		≥10 000		

3.1.4 设备解体及故障模拟

为进一步分析设备缺陷原因，我们对缺陷设备进行了解体，通过对设备故障特性、现场解体情况及试验结果的多方面分析，提出了一种新的假设，并在厂家技术部门的帮助下进行了模拟试验。将异常产品电容分压器拆下，吊起油箱箱盖，观察电磁单元。

通过对比正在生产的 TYD110/$\sqrt{3}$－0.02W3 型电压互感器，发现现场故障设备的阻尼器外罩壳与外部红外发热点位置有接触，而正常生产的设备，此处是有一定距离的。

发现阻尼器外罩壳与箱壁明显接触，拆下阻尼器外罩壳，发现油箱壁的油漆已被铁芯罩壳的边缘刮除。

测量油箱固定座与箱壁的距离为 66mm，通过查阅设计图样，并检查现场安装要求，对比发现其图样（见图 2）要求的 70mm 少了 4mm。对厂家的其他油箱的固定座距离进行测量，基本都在（70±1）mm。

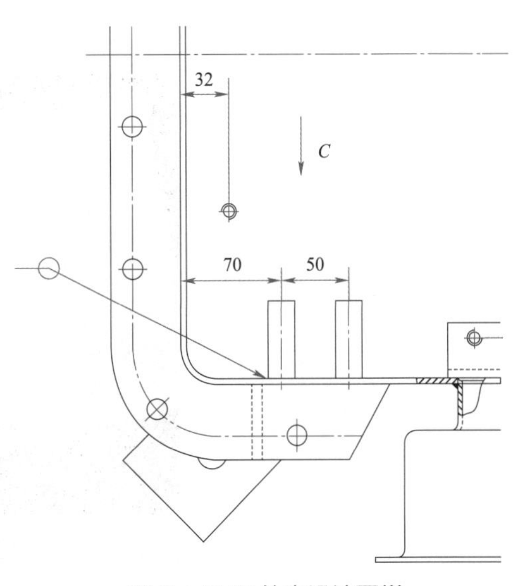

图 2　CVT 外壳设计图样

3.2 原因分析

3.2.1 模拟验证

为验证阻尼器外罩壳与油箱壁接触会产生感应电流并引起发热现象，将阻尼器安装到油箱上，为了方便测量电流，通过一根导线将阻尼器外罩壳与油箱壁可靠接触，以模拟现场连接状态（见图 3），感应电流原理如图 4 所示。对阻尼器进行

100V 通电，测得感应电流为 15A 左右，并用红外测温仪测试温度（见图 5），发现阻尼器外罩壳与箱壁接触处温度明显升高（26.5℃）。

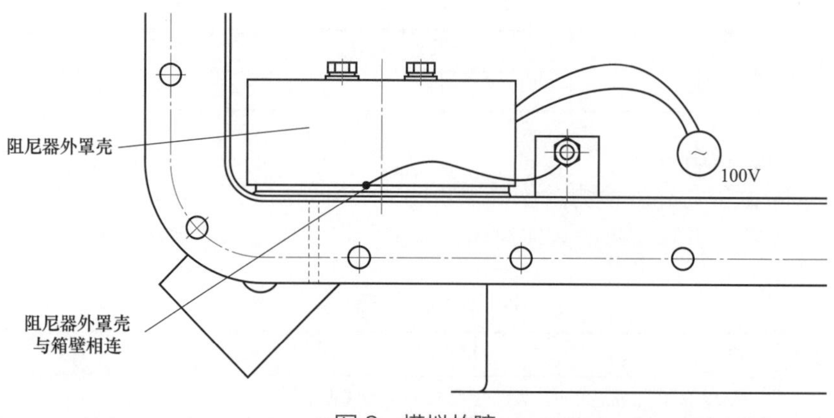

图 3　模拟故障

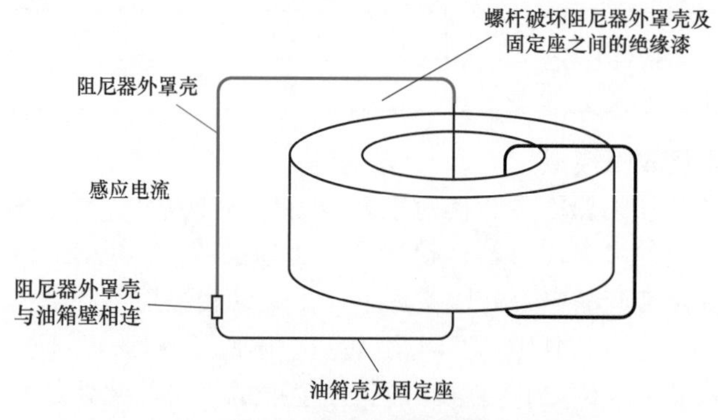

图 4　感应电流原理图

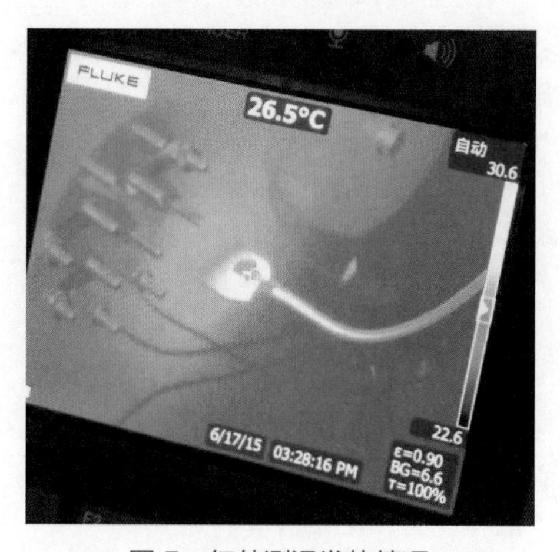

图 5　红外测温发热情况

3.2.2 理论计算

剩余绕组 dadn 侧阻尼器绕组匝数 $N_1 = 550$ 匝，额定电压为 100V，测得电流 $I_1 = 0.024$A，则一次安匝数 $N_1I_1 = 13.2$ 安匝。根据 $N_1I_1 = N_2I_2$，$N_2 = 1$，得出回路中感应电流 $I_2 = 13.2$A，与实际测试结果接近。

通过模拟试验，发现在以上闭环形成的情况下，阻尼器在额定运行电压下，阻尼器外罩壳与油箱壁相连处有明显发热。为进一步确定在模拟缺陷情况下，是否如现场一样对试验数据无影响，我们又对阻尼器的性能及 CVT 的整体性能进行了测试，发现在发热存在的情况下，阻尼器性能仍然正常，CVT 各项试验结果合格，整体性能也正常，这和现场试验的结果相吻合。

4 监督意见

（1）建议制造厂优化阻尼器的结构布局，避免与油箱的距离过近。固定阻尼器的螺栓、防护罩与油箱外壁应防止形成短路匝；防护罩应采用绝缘材料。

（2）互感器类设备运维时，应严格开展设备特巡和带电检测，做好设备全过程技术监督工作，提高设备本质安全。

第8章　避雷器

案例50 1000kV避雷器装配工艺不良造成避雷器直流泄漏电流超标

监督专业：电气设备性能　　监督手段：带电检测、高压试验
监督阶段：运维检修　　问题来源：设备制造

1 监督依据

Q/GDW 322—2009《1000kV交流电气设备预防性试验规程》第11.1条规定，测量运行电压下的全电流、阻性电流或者功率损耗，测量值与初始值比较，不应有明显变化，当阻性电流增加1倍时，必须停电检查。当阻性电流增加到初始值的150%时，应适当缩短监测周期。

2 案例简介

2015年7月1日，对某特高压站1000kV淮芜Ⅱ线B相避雷器进行阻性电流带电检测时，测得阻性电流为3.296mA，超出运行的注意值。

停电开展直流泄漏电流试验，发现B相避雷器（见表1）第二节元件0.75U_{8mA}下直流泄漏电流由上次例行年检时的48μA增大到90μA。经解体分析确定原因为避雷器装配时工艺不良造成潮气浸入避雷器内部，进而造成避雷器直流泄漏电流超标。

表1　　1000kV淮芜Ⅱ线B相避雷器基本信息

安装地点	某1000kV特高压站	运行编号	1000kV某线避雷器
产品型号	Y20W－828/1620	出厂编号	10132
出厂日期	2013.2		

3 案例分析

3.1 现场试验

2015年7月1日，对某特高压站1000kV某线B相避雷器进行阻性电流带电检测时，测得阻性电流为3.296mA，超出运行的注意值。为此加强跟踪，缩短了带电检测周期，阻性电流最高达到4.508mA。综合分析历次检测数据（见表2），发现春季和冬季阻性电流测试数据合格且变化不大，而到了夏季和秋初，阻性电流异常增大。阻性电流的大小和环境温度高低成正相关。正常工况下，环境温度虽对阻性电流有一定影响，但影响程度有限，初步分析是由避雷器内部缺陷因素叠加环境温度影响共同造成的，需结合停电试验数据进一步分析。

表 2　　　　　　　　　　阻性电流测试历史数据

测试时间	环境温度（℃）	阻性电流（mA）	测试时间	环境温度（℃）	阻性电流（mA）
2014.3.12	13	1.297	2015.7.16	26	3.108
2014.11.15	15	1.306	2015.8.1	35	4.508
2015.3.10	12	1.257	2015.8.20	25	3.101
2015.7.1	29	3.296	2015.9.9	30	4.408

夜间对该只避雷器进行精确测温，未检测到发热情况。避雷器红外测温照片如图 1 所示。为查明原因，消除隐患，需通过停电试验来检测设备状况。

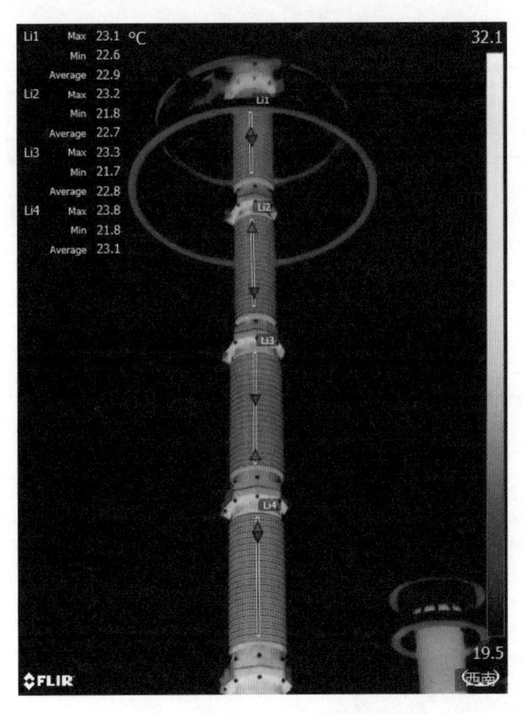

图 1　避雷器红外测温照片

2015 年 11 月 26 日，对异常避雷器进行了 8mA 直流参考电压 U_{8mA} 及 0.75 倍 U_{8mA} 泄漏电流 $I_{0.75U8mA}$，试验数据如表 3 所示。

表 3　　　　　　　　故障避雷器直流泄漏电流试验数据

元件	本次年检		上次年检	
	U_{8mA}（kV）	$I_{0.75U8mA}$（μA）	U_{8mA}（kV）	$I_{0.75U8mA}$（μA）
一	231.7	20	231.1	14
二	232	90	230.8	48
三	233.3	16	232.7	14
四	230.6	36	228	26
五	231.9	34	227.6	26

对本次年检和上次年检试验数据进行对比，发现B相避雷器第二节元件 $0.75U_{8mA}$ 下直流泄漏电流由上次例行年检时的48μA增大到90μA，Q/GDW 322—2009《1000kV交流电气设备预防性试验规程》中规定，$0.75U_{8mA}$ 下的泄漏电流与初值比较，变化不应大于30%，实际增长率为87.5%，而同样试验环境下的其他元件单元直流泄漏并没有发生显著变化。结合阻性电流检测数据的异常情况，判断该只避雷器存在内部缺陷，随即对该元件单元进行了更换，并将故障元件送往厂家解体分析。

3.2 厂家解体

（1）解体前，外观检查无异常后，对元件单元进行直流测试和运行电压下的阻性电流测试，可以看出直流试验数据和现场测试数据一致，数据如表4所示。

表4　　故障避雷器直流泄漏电流试验数据

试验项目	U_{8mA}（kV）	$I_{0.75U8mA}$（μA）	I_{rp}（mA）
试验数据	231.6	116	2.513

解体后，分别对瓷套、隔弧筒、绝缘棒、电容器单元等附件进行直流泄漏测试，附件直流泄漏电流正常，排除了附件直流泄漏电流异常对元件单元整体泄漏电流的影响，据此分析电阻芯单元可能存在异常。为此，将该单元所有的电阻阀片进行烘干处理，按照解体前的装配顺序重新组装，进行直流试验和阻性电流测试，数据如表5所示。

表5　　烘干后的故障避雷器直流泄漏电流试验数据

试验项目	U_{8mA}（kV）	$I_{0.75U8mA}$（μA）	I_{rp}（mA）
试验数据	236	56	1.4

电阻阀片烘干重新组装后的元件0.75倍 U_{8mA} 泄漏电流恢复正常，阻性电流也有所降低，排除了电阻阀片劣化的可能，说明电阻阀片存在潮气，从而造成直流泄漏电流超标，对阻性电流也有所影响。在解体时，检查外观发现密封部位正常，内部无异物、无锈蚀、无受潮的迹象（见图2），也排除了运行过程中密封不严造成的内部受潮的可能，判断电阻阀片中的潮气是由装配时环境湿度过大、工艺把关不严浸入内部造成的。

图2　避雷器的外观检查图

（2）生产厂家设计时，为避免电阻芯片爆炸破坏瓷套外绝缘，在芯柱和外瓷套之间设置了一圈隔弧筒，为了考查隔弧筒对元件散热的影响及阻性电流与元件温度之间的关系，分别在元件无隔弧筒、隔弧筒开孔、隔弧筒无孔的情况下持续通运行电压128kV，进行散热试验，同时进行阻性电流测试，发现无隔弧筒的散热性能优于隔弧筒开孔，而隔弧筒开孔的散热性又优于隔弧筒无孔的情况，同时阻性电流亦随着元件温度上升而增加。验证了之前阻性电流测试时，环境温度高的7～9月份的阻性电流测试数据较之前的春季、冬季测试时的数据明显变大的结论。因此，在避雷器内部散热不畅和环境温度变化的共同作用下，造成阻性电流随季节的不同变化很大。

3.3　原因分析

避雷器装配时工艺把关不严造成潮气浸入避雷器内部是造成避雷器直流泄漏电流超标的主要原因，同时造成避雷器阻性电流超标。避雷器内部设置的隔弧筒造成的散热不畅和环境温度变化双重因素的影响，造成阻性电流随季节的不同变化很大。

这要求避雷器从元件设计制造、组装、现场安装环境全过程严格把关，避免出现因密封不良、干燥不彻底造成避雷器“带病上岗”的现象，同时应改进工艺，改善避雷器内部散热条件，避免设备内部温度过高造成避雷器元件材料劣化甚至发生电阻芯片击穿的事故。

4　监督意见

阻性电流是监测避雷器电气性能的有效手段，可以及时发现内部受潮、电阻芯片劣化等缺陷。阻性电流发现数据异常时，应缩短检测周期，加强跟踪，通过大量测试数据分析，找出变化规律，有利于故障诊断。

避雷器的故障诊断要综合阻性电流测试、红外测温、直流泄漏电流试验等技术手段，必要时通过解体检查，准确分析出避雷器缺陷的成因。

案例 51　500kV 避雷器氧化锌电阻片老化对内壁放电导致避雷器上节发热严重

监督专业：电气设备性能　　监督手段：红外带电检测

监督阶段：运维检修　　问题来源：施工工艺

1 监督依据

DL/T 664—2016《带电设备红外诊断应用规范》附录 B 电压致热型设备缺陷诊断判据规定，整体轻微发热为正常；较热点一般在靠近上部且不均匀，多节组合从上到下各节温度递减，引起整体发热或局部发热为异常。

2 案例简介

2016 年 7 月 29 日，运维人员带电检测时发现某 500kV 变电站某 5904 线避雷器三相上下节温差较大。7 月 30 日，相关人员对该组避雷器开展跟踪测试，发现其上下节温差达 3.4℃（正常标准在 0.5℃以内）。经解体分析上节避雷器内部氧化锌电阻片存在不同程度的劣化，导致上节避雷器过热。

3 案例分析

3.1 现场检测结果

2016 年 7 月 29 日工作人员对某 5904 线避雷器进行检测，测量结果如图 1 所示。

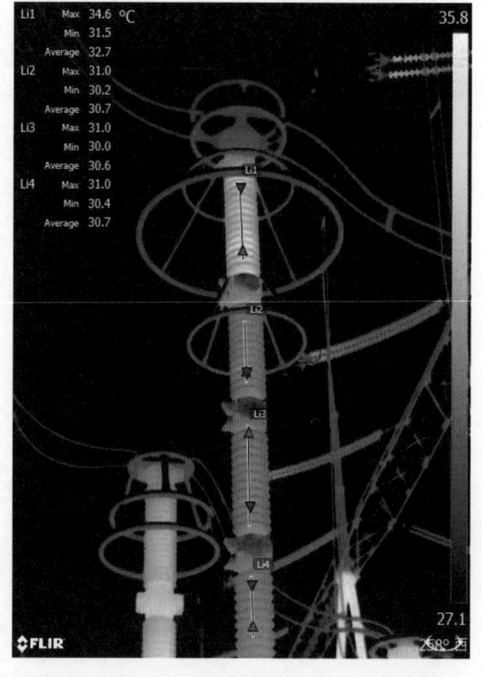

图 1　某 5904 线避雷器 A 相红外图谱

2016 年 7 月 30 日 1 时 20 分，试验班人员对避雷器 A 相进行阻性电流测试，阻性电流测试结果如表 1 所示。

表 1　A 相避雷器阻性电流测试结果

试验日期：2016.7.30　天气：晴　温度：38℃　湿度：60%	
仪表名称及编号：避雷器带电测试仪：6102	
A 相	
I_X（mA）	1.538
I_{rp}（mA）	0.371
φ（°）	80.15
P_1（mW）	15.59

由表 1 可看出，阻性电流测试结果未见异常。停电后试验班人员又对该组避雷器进行泄漏电流试验。直流参考电压和 0.75 倍直流参考电压下的泄漏电流结果如表 2 所示。

表 2　　A 相避雷器阻直流试验结果

试验日期：2016.7.30　天气：晴　温度：38℃　湿度：60%			
仪表名称及编号：高压直流发生器：ZGS－C300/3F			
相别		参考电压 U_{1mA}（kV）	$0.75U_{1mA}$ 下泄漏电流（μA）
A	第一节	183.2	120
	第二节	145	27
	第三节	135.7	20
	第四节	128.2	18
B	第一节	206.1	38
	第二节	203.2	40
	第三节	201.7	43
C	第一节	207.1	36
	第二节	206.2	32
	第三节	205	39

表 2 的试验数据显示，某 5904 线路避雷器 A 相第一节泄漏电流超过 50μA 注意值。诊断结果为某 5904 线路避雷器 A 相第一节阀片老化。

3.2　避雷器解体分析

为防止该避雷器运行状态持续恶化，公司对其进行停电更换，2016 年 8 月 8 日上午，对该避雷器进行解体检查。

设备外观检查：外观良好、瓷套无损坏、设备密封良好，如图 2 所示。

图 2　A 相避雷器外观

解体前电气试验：上节避雷器部分试验数据如图 3 所示。为便于对比，对下节进行试验，数据合格。

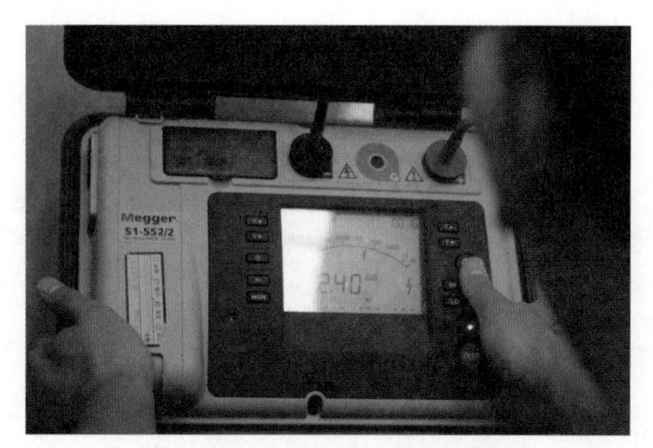

图 3　上节避雷器部分试验数据

拆除避雷器上盖板：在不误伤防爆膜的情况下，对上节避雷器进行解体，打开上、下两端盖板，各处密封性良好。检查时，发现上端盖板存在放电痕迹，且下端盖板上有黑色粉末，如图 4 和图 5 所示。

图 4　上端盖板结构

图 5　上端盖板存在放电痕迹，下端盖板上有黑色粉末

金属氧化物电阻片解体：继续对上节避雷器解体，取出瓷套内部的氧化锌电阻片，发现电阻片也存在不同程度的放电痕迹及黑色粉末物（见图 6）、第一节电极及中间电极也存在黑色粉末（见图 7）。

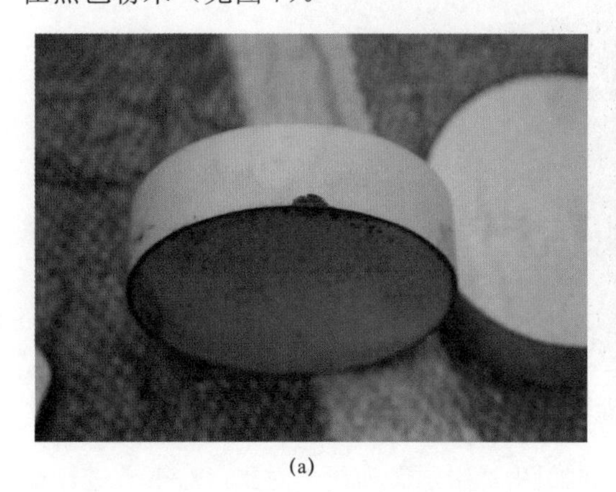

(a)

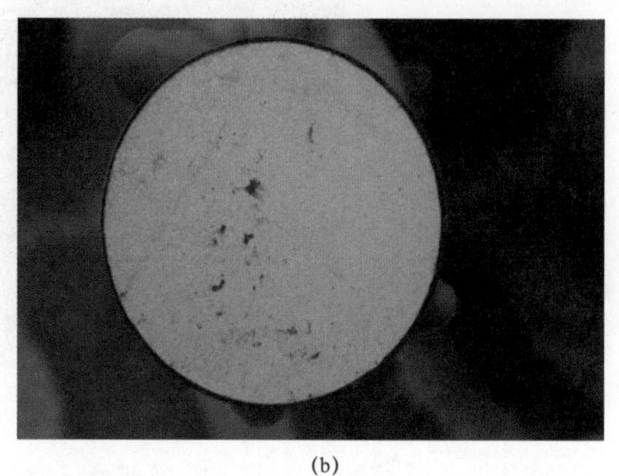

(b)

图 6　电阻片上存在放电痕迹及黑色粉末

（a）放电痕迹；（b）黑色粉末

(a)

(b)

图 7　第一节电极及中间电极存在黑色粉末

（a）第一节电极；（b）中间电极

继续对避雷器内部进行检查，发现内壁 1/3 高度处存在明显放电痕迹，如图 8 所示。

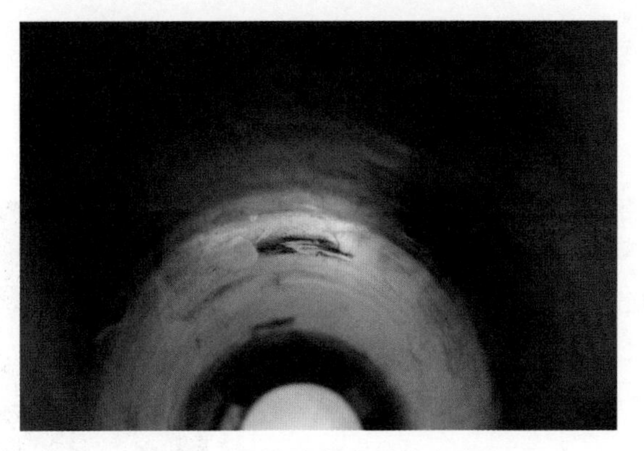

图 8　避雷器瓷套内壁放电痕迹

综合整个解体过程来看，上节避雷器内部氧化锌电阻片存在不同程度的劣化，在端部高电压作用下，发生放电并产生氧化性粉末。

4　监督意见

红外热成像技术诊断设备内部缺陷具有不停电、准确、快速的优点，应加大红外检测技术的应用力度。红外热成像技术能够有效发现设备内部缺陷引起的过热缺陷（如电压致热型缺陷），及时准确获取设备的运行信息，为排除隐患提供有力的技术支撑。

发现设备过热缺陷，应尽快消除，否则会形成恶性循环，导致温度迅速上升，造成设备故障。

案例 52 500kV 线路避雷器排水不畅导致避雷器外观有明显的渗漏痕迹

监督专业：电气设备性能　　监督手段：检查试验

监督阶段：设备运行　　问题来源：设备设计

1 监督依据

《国网运检部关于开展南阳金冠电气有限公司 500kV 避雷器专项隐患排查的通知》（运检一〔2013〕233 号）规定，110kV 及以上瓷外套避雷器下法兰若无排水孔，下雨时雨水会从法兰防爆排气口进入，不能及时排出，底部长时间浸泡在水中，钢板易腐蚀，致使防潮性能降低，甚至导致避雷器受潮损坏。

2 案例简介

2012 年 12 月 10 日 16 时，检修人员在对 500kV 某变电站检查巡视期间，发现 500kV 5901 三相线路 A 相避雷器第一节与第二节之间有液体滴出，如图 1 所示。

现场工作人员将缺陷情况反馈上极，相关单位立即组织管理人员和专业人员现场进行检查，技术人员到达现场进行检查确认，并初步制订了消缺方案。

图 1　避雷器节间滴液痕迹现场

3 案例分析

3.1 现场试验

3.1.1 红外测温检查情况

2012 年 12 月 10 日当晚，检修试验技术人员对 5901 三相线路 A 相线路避雷器进行红外测温，检测未见明显异常，如图 2 所示。

图 2　5901A 相线路避雷器红外热成相图

3.1.2　在线监测装置检查情况

2012 年 12 月 10 日晚，检修试验技术人员对 500kV 5901 三相线路避雷器在线监测装置进行检查数据，三相避雷器在线监测装置读数分别为：A 相 2.3mA，B 相 1.8mA，C 相 2.0mA，与运行巡视中正常运行数据相比无明显偏差，如图 3 所示。

(a)　(b)　(c)

图 3　5901 三相避雷器在线监视器数据

（a）A 相；（b）B 相；（c）C 相

2012 年 12 月 11 日上午，检修试验技术人员再次检查 500kV 5901 三相线路避雷器在线监测装置读数，与 12 月 10 日晚和历史数据相比均无变化。

3.1.3　运行电压下泄漏电流带电测试

2012 年 12 月 11 日，检修试验技术人员对 5901 三相线路避雷器泄漏电流进行了测试（见表 1），并与 2012 年 3 月 17 日测试数据（见表 2）对比发现，并无异常偏差。

表 1　5901 线三相线路避雷器泄漏电流测试数据（2012 年 12 月 11 日）

相别	总泄漏电流有效值（mA）	阻性电流基波峰值（mA）
A	2.037	0.166
B	1.973	0.136
C	1.986	0.137

表 2　5901 线三相线路避雷器泄漏电流测试数据（2012 年 3 月 17 日）

相别	总泄漏电流有效值（mA）	阻性电流基波峰值（mA）
A	2.007	0.220
B	1.934	0.132
C	1.953	0.131

3.2　厂方原因分析

厂方按要求开展核查：500kV 5901 线路避雷器为某公司生产的 Y20W－444/1050W 型氧化锌避雷器，2006 年 11 月投运，正常运行中巡视、红外测温、带电测试、停电试验数据均正常。

通过对本次现场检查情况和试验数据综合分析，初步分析认为由于该型避雷器结构特点，第一节避雷器的排气罩开口向上，形成一个容器状，容易导致积水、积污，若排水孔处被异物堵住导致排水不通畅，则会发生滴水情况，该情况发生主要取决于排水孔是否通畅，与天气无关。检查该型避雷器 B 相、C 相运行情况，也发现存在同样的痕迹，正好印证了滴水情况在该型号避雷器普遍存在。

4 监督意见

（1）增加避雷器的排水孔，以保证排水通畅。

（2）运行中加强对该型避雷器的红外检测，密切跟踪设备状况，确保设备健康运行。

（3）结合停电试验维检对该型避雷器的排气罩部位做清洁打扫工作，确保排水畅通。

案例 53　220kV 避雷器内部受潮导致运行中持续电流增大

监督专业：电气设备性能　　监督手段：带电检测

监督阶段：运维检修　　问题来源：设备制造

1　监督依据

Q/GDW 1168—2013《输变电设备状态检修试验规程》规定，U_{1mA} 初值差不超过±5%且不低于 GB 11032—2010《交流无间隙金属氧化物避雷器》的规定值（注意值）；$0.75U_{1mA}$ 漏电流初值差不超过 30%或不超过 50μA（注意值）。

2　案例简介

2015 年 2 月 2 日，工作人员发现某变电站 2831A 相避雷器在线监测装置发生告警信息，并立即对此装置的信息进行提取，随后安排试验人员对 2831A 相避雷器进行现场带电检测，通过红外测温及运行中持续电流（阻性电流）检测发现，A 相避雷器阻性电流相比 B、C 相均有大幅的增加，且带电检测结果显示 A 相避雷器的阻性电流比相邻 B、C 相要超出 1 个数量级的增长；工作人员在雷雨季节内又加强监视，并在 4 月份天气晴好时进行阻性电流带电检测复测，发现带电检测数据明显异常，随后安排停电检查，对比停电试验后的数据分析，得出 A 相避雷器内部存在受潮或避雷器内部阀片存在缺陷。

3　案例分析

3.1　现场试验

避雷器在线监测装置 4 个月（2014 年 11 月 1 日～2015 年 2 月 10 日）内 2831A、B、C 相的阻性电流及全电流趋势变化如图 1 所示。

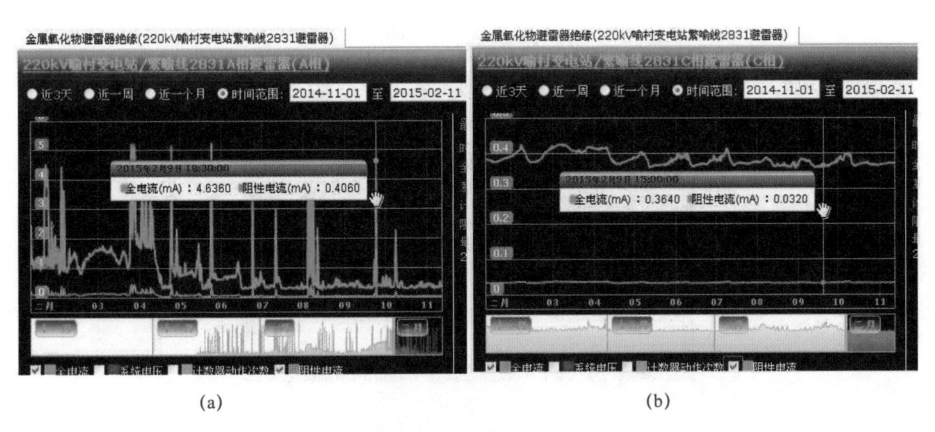

(a)　　(b)

图 1　2831A、B、C 相的阻性电流及全电流趋势变化图（一）

（a）A 相；（b）B 相；

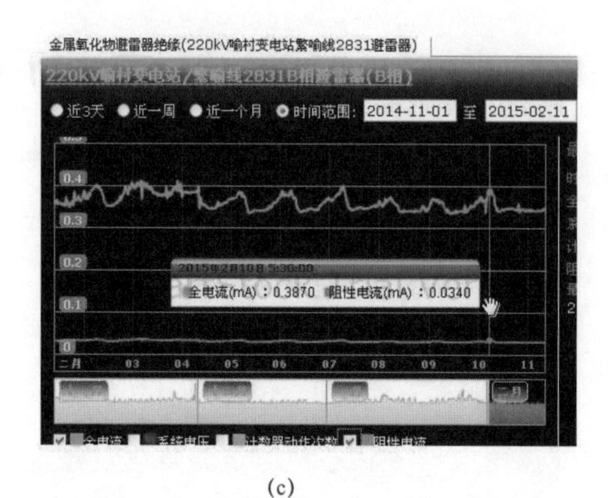

(c)

图1　2831A、B、C相的阻性电流及全电流趋势变化图（二）

（c）C相

在线监测装置4个月（2014年11月1日～2015年2月10日）内2832A、B、C相的阻性电流及全电流趋势变化如图2所示。

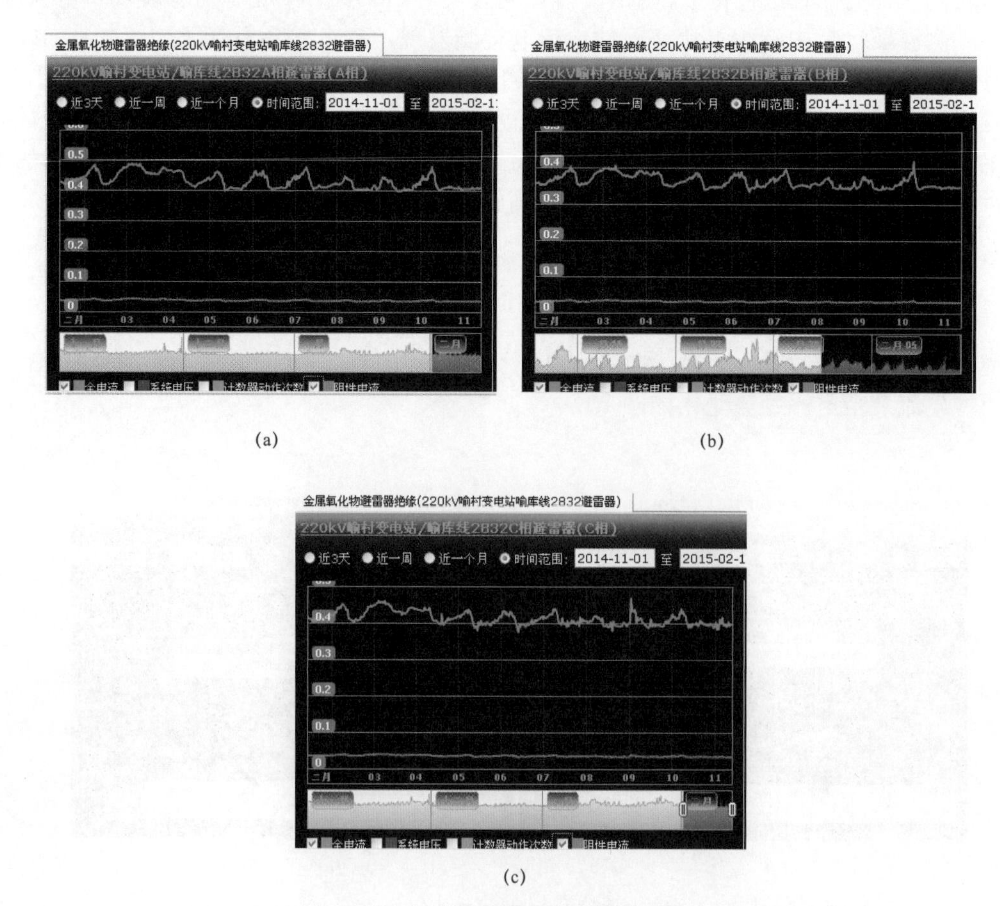

(a)　(b)

(c)

图2　2832A、B、C相的阻性电流及全电流趋势变化图

（a）A相；（b）B相；（c）C相

通过在线监测装置横向趋势图对比分析得知：220kV 2831 避雷器 A、B、C 三相中，A 相避雷器的全电流和阻性电流变化较大，B、C 相一直比较稳定，且和相邻 2832A、B、C 三相避雷器的趋势图对比来看，2831B、C 相避雷器基本正常；通过对 2831A 相避雷器的纵向趋势图分析来看，全电流和阻性电流有峰值规律性出现，因而初步判断为避雷器内部受潮可能性偏大。

专业班组对 220kV 变电站 2831 避雷器进行带电检测，红外检测及阻性电流测试结果如图 3 所示。

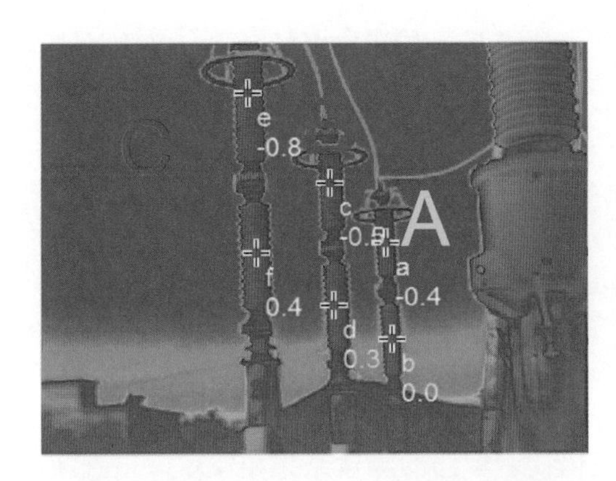

图片资料	点	线	方框	多边形	圆	三角洲温度	直方图	趋势	线形

第	温度	辐射率	坐标
a	-0.44	0.92	(405,232)
b	0.03	0.92	(412,345)
c	-0.52	0.92	(340,162)
d	0.33	0.92	(345,306)
e	-0.82	0.92	(243,58)
f	0.42	0.92	(253,244)

图 3　某变电站 2831 避雷器红外热像图

随后工作人员利用该组避雷器进行阻性电流带电测试（2015 年 2 月 9 日），测试数据如表 1 所示。

表 1　　避雷器阻性电流带电测试数据（2015 年 2 月 9 日）

参数	A	B	C
全电流 I_x/（mA）	0.431	0.352	0.385
相角 φ（°）	81.1	88.9	89.1
阻性电流 I_{rp}（mA）	0.094	0.009	0.007
有功功率基波有效值（mW/kV）	8.784	0.885	0.715

从表 1 数据可知，三相阻性电流不平衡，A 相有功功率比 B、C 相多一个数量级，应加强关注。

考虑雷雨季节的来临，应加强对该避雷器的监视，工作人员在 2015 年 4 月 16 日（天气状况良好）对该避雷器进行复测，测试数据如表 2 所示。

表2　　避雷器阻性电流带电测试数据（2015年4月16日）

参数	A相	B相	C相
全电流 I_x（mA）	0.611	0.359	0.385
相角 φ（°）	72.1	87.9	88.3
阻性电流 I_{rp}（mA）	0.187	0.013	0.011
有功功率基波有效值（mW/kV）	24.81	0.956	0.879

从表1和表2试验数据对比分析，经过雷雨季节后，该避雷器的全电流及阻性电流都有较大的增加，两次对比结果差异显著：

（1）历史数据对比分析：A相阻性电流初始值差100%，全电流初始值差42%。

（2）同组间数据对比分析：阻性电流差187.2%，全电流差58.5%。

综合国网Q/GDW 1168—2013《输变电设备状态检修试验规程》、《变电设备带电检测管理规范（试行）》等规程规定，引用具体标准摘录如下：

（1）正常：阻性电流初值差≤50%且全电流初值差≤20%；异常：阻性电流初值差>50%且≤100%或全电流初值>20%且≤50%；缺陷：阻性电流初值差>100%或全电流初值>50%。

（2）通过与历史数据及同组间其他金属氧化物避雷器的测量结果相比较做出判断，彼此应无显著差异。当阻性电流增加0.5倍时应缩短试验周期并加强监测，增加1倍时应停电检查。

经停电检测，停电试验数据如表3所示。

表3　　停电检测数据

位置		绝缘电阻（GΩ）	U_{1mA}（kV）	I（μA）
A相	上节	23.9（24.6）	153.1（153.0）	22（23）
	下节	0.9（25.1）	127.5（152.7）	61（22）
B相	上节	21.1（22.5）	151.2（151.5）	22（21）
	下节	22.4（23.6）	152.3（151.1）	23（21）
C相	上节	24.3（27.8）	152.3（149.9）	24（20）
	下节	24.1（24.6）	151.4（150.6）	19（21）

注：括号中的数据为2014年交接试验数据。

从表3根据Q/GDW 1168—2013《输变电设备状态检修试验规程》（简称《规程》）对金属氧化物避雷器例行试验的要求，U_{1mA} 初值差不超过±5%且不低于GB 11032—2010《交流无间隙金属氧化物避雷器》的规定值，0.75U_{1mA} 漏电流初值差不超过30%或不超过50μA。对照表3的数据可以看出A相避雷器下节为127.5kV，与2014年试验的初始值差为−16.5%，而且低于GB 11032—2010《交流无间隙金属氧化物避雷器》规定的要求；泄漏电流也达61μA（大于50μA），是2014年初始值的177%。另外，该节避雷器的绝缘电阻也明显下降。以上3项数据均不符合《规程》要求，进一步确定该节避雷器存在严重缺陷。

3.2 原因分析

2015 年 4 月 18 日，对该变电站某线 A 相避雷器进行整体更换处理。处理后在线监测数据恢复正常。为进一步查清 A 相避雷器的故障原因，对 A 相避雷器下节进行了解体检查，发现内壁有细微水珠，避雷器上端盖内部有锈蚀痕迹，单体阀片有疑似放电痕迹，经分析认为此缺陷是避雷器下节端盖密封不严（装配时工艺控制不严格），水气随着热胀冷缩的呼吸效应进入避雷器，导致水分进入避雷器内部，再加上组装的阀片间隙不一致导致有阀片放电痕迹。

4 监督意见

避雷器故障以受潮和氧化锌电阻阀片老化为主，避雷器的受潮及电阻片的老化将造成阻性电流和全电流的增大，利用阻性电流带电检测方法可以快速、方便地发现避雷器缺陷，避免避雷器状态的进一步恶化。

新设备出厂及交接试验不一定能发现设备隐藏的缺陷。设备投入运行后，设备状态可能发生较大变化，因此在设备投运后应加强带电检测。

避雷器的故障诊断须将在线检测、带电检测和停电试验等多种方法结合起来，必要时通过解体查找故障原因。

案例54 220kV避雷器密封不严导致绝缘受潮

监督专业：电气设备性能　　监督手段：红外带电检测
监督阶段：运维检修　　问题来源：施工工艺

1 监督依据

DL/T 664—2016《带电设备红外诊断应用规范》附录B电压致热型设备缺陷诊断判据规定，氧化锌避雷器温差大于0.5～1K，属于电压致热型缺陷。

2 案例简介

2016年3月4日，电气试验班对220kV当采4833线A相避雷器（见表1）进行精确红外测温和阻性电流测试，测试结果不合格，初步判断避雷器内部存在严重缺陷。随后对该避雷器进行停电试验，发现U_{1mA}和0.75倍U_{1mA}下的泄漏电流明显超标，对其进行更换。

表1　当采4833线路A相避雷器主要参数

型号	Y10W1-204/520	避雷器额定电压	204kV
标称放电电流	10kA	出厂编号	G023
出厂时间	2010.11		

3 案例分析

3.1 现场试验

电气试验班对220kV当采4833线A相避雷器进行精确红外测温（见表2），发现A相避雷器顶端最高温度为19.7℃，B、C两相避雷器最高温度为15.5℃，温差达到4.2℃，根据DL/T 664—2016《带电设备红外诊断应用规范》判断其为严重及以上缺陷。

表2　避雷器红外测试报告

电气设备红外检测分析报告					
单位	××500kV变电站				
设备名称	220kV当采4833避雷器				
测试仪器	P630	图像编号		辐射系数	0.92
天气：阴	环温：5	湿度：45%	风速：5m/s		
检测时间	2016年3月4日21时40分				

续表

图像分析	
红外图片	

A 相　　　　　　B 相

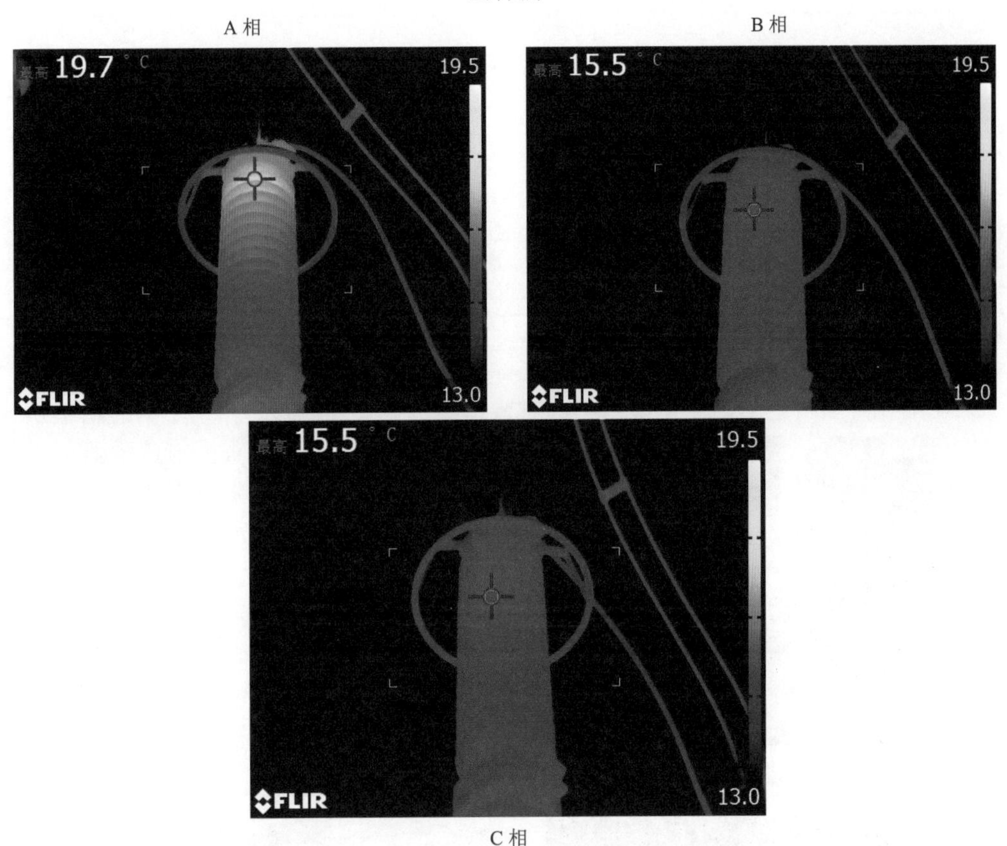

C 相

断分析和缺陷性质	A 相避雷器顶端最高温度 19.7℃，B、C 两相避雷器最高温度为 15.5℃，温差达到 4.2℃，根据 DL/T 664—2016《带电设备红外诊断应用规范》判断其为严重及以上缺陷

随后试验人员进行避雷器阻性电流测试，A 相避雷器阻性电流比 B、C 两相明显偏大，测试结果为不合格（见表 3）。综合以上两方面数据，初步判断避雷器内部存在严重缺陷。

表 3　　　　避雷器阻性电流测试报告

相别	I_x（mA）	I_{rp}（mA）	φ（°）
A	0.517	0.255	69.49
B	0.255	0.004	89.25
C	0.284	0.018	87.37
试验结论：A 相避雷器相比 B、C 两相全电流和阻性电流明显偏大，根据 Q/GDW 1168—2013《输变电设备状态检修试验规程》第 5.16.1.4 条的规定，运行中持续电流检测（带电）通过与历史数据及同组间其他金属氧化物避雷器的测量结果相比较做出判断，彼此应无显著差异。当阻性电流增加 0.5 倍时应缩短试验周期并加强监测，增加一倍时应停电检查			

3 月 6 日 11 时，试验人员对 220kV 当采 4833 线避雷器进行停电电气试验，B、C 相数据合格，A 相上节 U_{1mA} 和 0.75 倍 U_{1mA} 下的泄漏电流明显超标，需进行更换（见表 4）。

表4　　避雷器直流泄漏试验报告

直流试验		U_{1mA}（kV）	U_{1mA}初值（kV）	U_{1mA}初值差（%）	75%U_{1mA}下的电流（μA）
A	第一节	105.8	153.8	−31.21	380
	第二节	155.3	153.1	1.44	20
B	第一节	153.5	153.2	0.2	15
	第二节	153.7	152.9	0.52	16
C	第一节	153.6	153.7	−0.06	7
	第二节	153.4	152.9	0.33	8
试验结论：根据 Q/GDW 1168—2013《输变电设备状态检修试验规程》，U_{1mA}初值差不超过±5%且不低于 GB 11032—2010《交流无间隙金属氧化物避雷器》规定值（注意值）；0.75U_{1mA}漏电流初值差不超过 30%或不超过 50μA（注意值）。B、C 相数据合格，A 相上节 U_{1mA}和 0.75 倍 U_{1mA}下的泄漏电流明显超标					

3.2　避雷器解体

2016 年 3 月 9 日上午，变电检修中心对避雷器进行解体检查。由于下节避雷器试验数据合格，仅需解体检查上节避雷器。拆除上节避雷器均压环过程中发现其中一颗紧固螺钉上下距离不均匀，如图 1 所示。

图1　避雷器均压环

均压环的作用是将高压均匀分布在物体周围，保证在环形各部位之间没有电位差，从而达到均压的效果，而其中一颗螺钉上下长短不一，破坏了对称性，可能影响均压效果。除均压环之后再次对上节避雷器进行试验（见图 2），测试结果依然不合格。

(a)

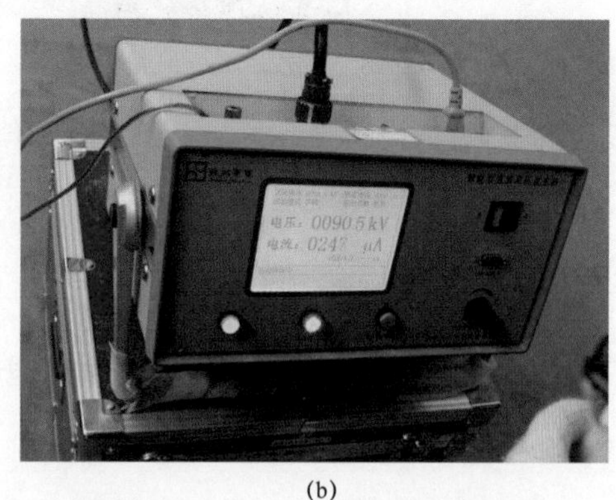

(b)

图2　避雷器解体前试验

（a）试验现场；（b）试验结果

接着对上节避雷器进行解体，打开上下两端盖板，发现上端盖板内侧及瓷套内部的压紧弹簧锈蚀严重，如图 3 所示。

内部金属部件的锈蚀比较严重，说明密封结构存在问题，导致水分进入，随着时间的推移，金属部件就会慢慢老化锈蚀。拆除下端盖板时发现盖板上的防爆膜有个直径约 1cm 的洞，并用玻璃胶堵着，如图 4 所示。

图 3　上端盖板内部结构

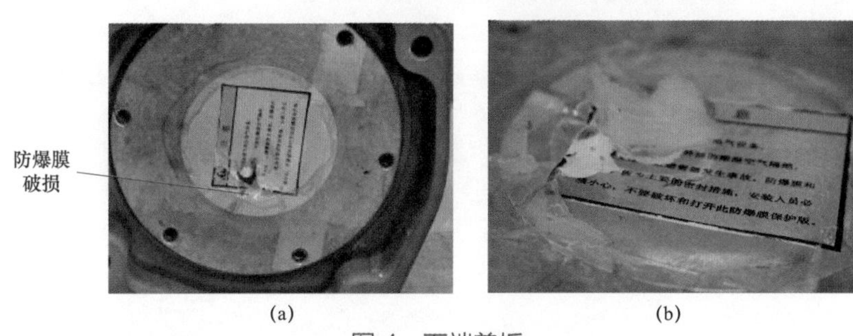

(a)　(b)

图 4　下端盖板

（a）防爆膜破坏；（b）防爆膜孔洞

由于下端盖板的防爆膜遭到损坏，破坏了整体的密封结构，水分比较容易进入，这可能是导致避雷器试验数据不合格的原因之一。继续对上节避雷器解体，取出瓷套内部的氧化锌电阻片（见图 5），发现电阻片也存在不同程度的锈蚀情况。

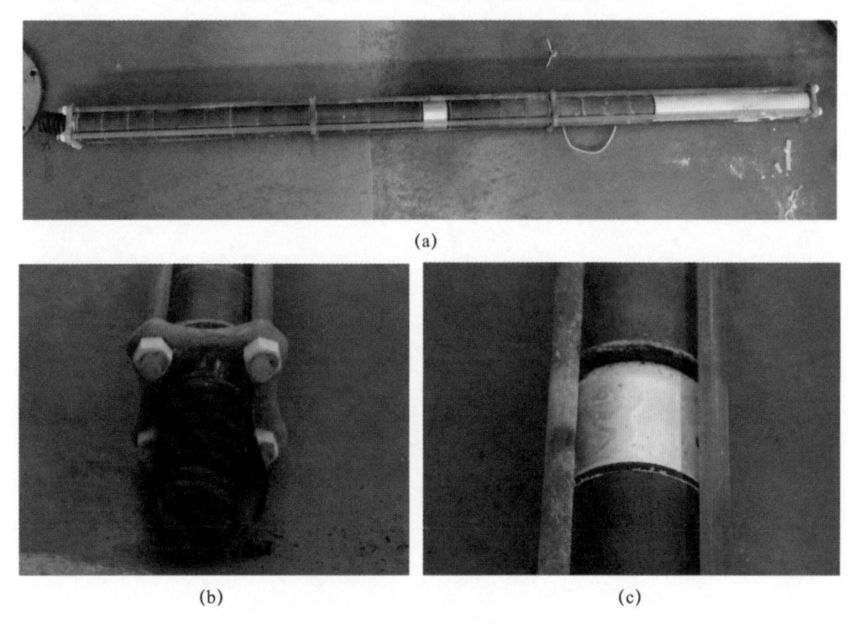

(a)

(b)　(c)

图 5　氧化锌电阻片

（a）电阻片整体；（b）弹簧；（c）电阻片锈蚀

综合整个解体过程来看，上节避雷器内部金属部件均存在不同程度的锈蚀，说明密封结构存在问题导致水分进入，使氧化锌电阻片受潮，从而使氧化锌电阻片（多个电阻片叠加而成）的电阻值发生不同程度的变化，每个电阻片的分压也发生变化，可能是导致避雷器上端发热的主要原因之一。

4 监督意见

红外热成像技术诊断设备内部缺陷具有不停电、准确、快速的优点，应加大红外检测技术的应用力度，并严格按照规程规定的红外检测周期对设备进行测试，发现问题时采用多种手段进行综合分析。在设备安装验收时，对安装工艺进行严格把关，运行中加强特红外热像检测，综合判断后如有异常应安排停电处理。

案例 55　220kV 避雷器接地引线施工不良导致接地导通断线

监督专业：电气设备性能　　监督手段：带电检测
监督阶段：运维检修　　问题来源：安装施工

1　监督依据

Q/GDW 1168—2013《输变电设备状态检修试验规程》第 5.18.1.1 条规定，接地装置巡检及例行试验项目变压器、避雷器、避雷针等≤200mΩ，且导通电阻初值差≤50%（注意值）。

2　案例简介

2016 年 7 月 12 日，运检人员对某 220kV 变电站进行接地导通带电检测时发现 220kV 某线 2C25 避雷器接地导通接地引下线导通测量值大于 200mΩ，对避雷器本体接地引下线进行开挖、检查，发现避雷器本体接地引下线与主接地网连接处焊接不良、接头氧化锈蚀并断裂。对锈蚀、断裂处进行打磨，并重新敷设镀锌扁钢将避雷器本体接地引下线连接至主接地网，再次对 220kV 某线 2C25 避雷器进行接地导通测量，测量值合格。

3　案例分析

3.1　现场试验

2016 年 7 月 12 日，运检人员对某 220kV 变电站进行接地导通带电检测时发现：220kV 某线 2C25 避雷器 A 相为 1626mΩ，B 相为 1620mΩ，C 相为 1626mΩ。根据 Q/GDW 1168—2013《输变电设备状态检修试验规程》，避雷器设备接地引下线导通测量值大于 200mΩ，说明存在松脱、位移、断裂及严重腐蚀等情况，为危急缺陷，属于接地断裂的重大安全隐患。13 日对 220kV 某线 2C25 避雷器本体接地引下线进行开挖、检查，发现 2C25 避雷器本体接地引下线与主接地网连接处焊接不良、接头氧化锈蚀并断裂。

图 1　220kV 某线 2C25 避雷器开挖照片

13 日对 220kV 某线 2C25 避雷器本体接地引下线进行开挖（见图 1）、检查，发现 2C25 避雷器本体接地引下线与主接地网连接处焊接不良，接头氧化锈蚀并断裂，如图 2 所示。

对 220kV 某线 2C25 避雷器本体接地引下线与主接地网连接的锈蚀、断裂处进行打磨，并重新敷设镀锌扁钢，将 2C25 避雷器本体接地引下线连接至主接地网如图 3～图 5 所示。

图2　220kV 某线 2C25 避雷器接地引下线连接方式及锈蚀断裂图片

（a）连接方式；（b）锈蚀断裂

图3　将锈蚀部位重新焊接并引至主接地网

（a）现场修复；（b）重修焊接；（c）新旧扁钢对比

图4　新焊接部位图片

敷设完成后，再次对 220kV 某线 2C25 避雷器进行接地导通测量，测量值合格，测量值为：220kV 某线 2C25 避雷器 A 相为 33mΩ、B 相为 30mΩ、C 相为 37mΩ。根据 Q/GDW 1168—2013《输变电设备状态检修试验规程》，避雷器设备接地引下线导通测量值不大于

200mΩ，结果合格，重大安全隐患得以消除。某线 2C25 避雷器接地引线导通消缺恢复原貌过程照片（雨后）如图 6 所示。

图 5　搭接长度及焊接部位放大图片

图 6　某线 2C25 避雷器接地引线导通消缺恢复原貌过程照片（雨后）

3.2　原因分析

220kV 某线 2C25 避雷器接地引下线接地导通断线、接地线锈蚀，与主接地网断开，说明避雷器安装时施工单位未按标准工艺施工，与主接地网连接的接地引线焊接不良，防腐处理不到位。

4　监督意见

避雷器设备验收时，应严格开展各项检查和试验，把好投运前技术监督关口，严防设备带“病”投入运行；同时，按要求开展接地装置巡检及例行试验。

案例56 110kV避雷器老化导致全电流和阻性电流增长超标

监督专业：电气设备性能　　监督手段：带电检测
监督阶段：设备运行阶段　　问题来源：设备制造

1 监督依据

Q/GDW 1168—2013《输变电设备状态检修试验规程》第5.16.1.4条规定，运行中持续电流检测（带电）阻性电流初值差不大于50%，且全电流不大于20%；第5.16.1.5条规定，直流1mA电压（U_{1mA}）初值差≤±5%，且不小于GB 11032—2010《交流无间隙金属氧化物避雷器》中的规定值（注意值）；$0.75U_{1mA}$泄漏电流初值差≤30%或50μA（注意值）。

2 案例简介

2009年4月，电气试验班在对某110kV变电站110kV避雷器进行带电测试时发现110kV云金919线的A相和110kV母线的B相两只避雷器（见表1和表2）的全电流和阻性电流分量呈快速增长趋势。故及时购买了新的避雷器，将两只不合格的避雷器和一些变化数据很明显的避雷器进行了更换。

表1　　云金919A相避雷器基本信息

安装地点	某110kV变电站	运行编号	919A相避雷器
产品型号	Y10W－102/266	出厂日期	2005.11

表2　　110kV母线避雷器基本信息

安装地点	某110kV变电站	运行编号	110kV母线避雷器
产品型号	Y10W－102/266	出厂日期	2005.11

3 案例分析

3.1 现场试验

2009年4月，某110kV变电站带电测试时发现某些避雷器的全电流和阻性电流分量较以往的测试数据呈快速增长趋势。例如，110kV云金919避雷器的A相全电流和阻性电流变化趋势如图1和图2所示。

2009年10月，电气试验班按计划对该变电站进行停电试验，测得云金919避雷器的三相试验数据如表3和表4所示。

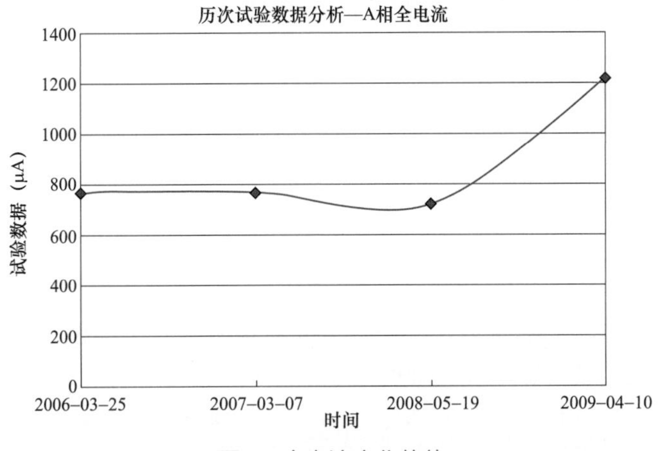

图 1　全电流变化趋势

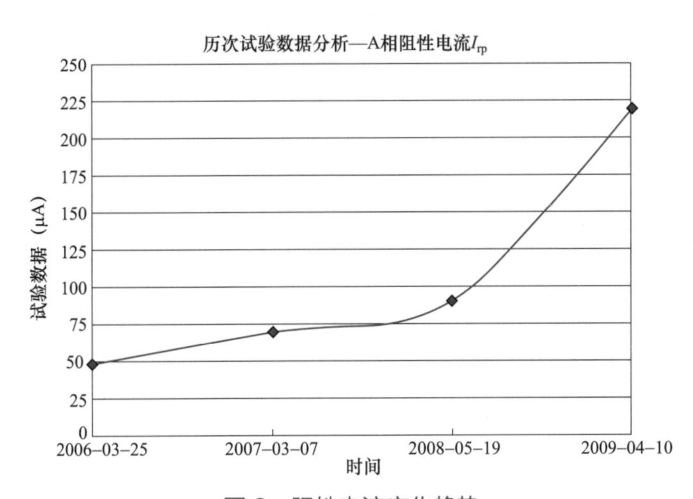

图 2　阻性电流变化趋势

表 3　云金 919 避雷器直流特性试验数据

数据	A 相	B 相	C 相
DC 1mA（kV）	148.6	156	152.1
0.75DC 1mA（μA）	28	16	40
绝缘（GΩ）	200	200	200

表 4　110kV 母线避雷器直流特性试验数据

数据	A 相	B 相	C 相
DC 1mA（kV）	158.7	149.5	151.2
0.75DC 1mA（μA）	34	17	24
绝缘（GΩ）	200	200	200

3.2 原因分析

这两组避雷器的型号都为 Y10W－102/266，持续运行电压 79.6kV，额定电压为 102kV，直流 1mA 下参考电压要求不低于 150kV。由此，试验人员判断云金 919 的 A 相和 110kV 母线的 B 相两只避雷器运行老化。

无间隙氧化锌避雷器由于长期存在泄漏电流，内部过电压时泄漏会急剧增大，其运行寿命不能只根据放电次数及电流计算，各厂家避雷器差异性比较大，当内部阀片老化时，历年试验数据会明显增大。

4 监督意见

对避雷器带电测试历年的测试数据进行梳理与对比，对异常数据及时进行跟踪复测，确认带电测试数据超过规程要求时及时进行停电试验。

带电测试数据应进行横向、纵向比较，当避雷器接近运行寿命时有可能整批避雷器带电测试数据均增大，只进行相间比较有可能发生误判断。

案例 57　35kV 避雷器阀片老化引起异常发热

监督专业：电气设备性能　　监督手段：带电检测
监督阶段：运维检修　　问题来源：运维检修

1　监督依据

DL/T 664—2016《带电设备红外诊断应用规范》附录 B 电压致热型设备缺陷诊断判据，氧化锌避雷器温差大于 0.5～1K，属于电压致热型缺陷。

Q/GDW 1168—2013《输变电设备状态检修试验规程》第 5.16.1.1 条规定，避雷器 U_{1mA} 初值差不超过±5%且不低于 GB 11032—2010《交流无间隙金属氧化物避雷器》规定的值（注意值），$0.75U_{1mA}$ 漏电流初值差不低于 30%或不低于 50μA。

2　案例简介

2016 年 6 月 17 日，工作人员在进行某变电站红外测温时发现 35kV 母线 B 相避雷器（见表 1）整体发热异常，与 A、C 相温差达到 6K，依据 DL/T 664—2016《带电设备红外诊断应用规范》判断该 B 相避雷器发热为危急缺陷。随即开展了停电检查试验，经测试发现该 B 相避雷器直流电压达到 31kV 即击穿，其他两相避雷器试验合格，B 相避雷器确实存在故障，最终对 B 相避雷器进行了更换处理。

表 1　35kV 母线 B 相避雷器基本信息

安装地点	某 35kV 变电站	运行编号	35kV 母线 B 相避雷器
型号	HY5WZ－52.7/134	出厂日期	2005.1
投运日期	2006.2		

3　案例分析

3.1　红外检测分析

6 月 17 日，在进行该变电站红外测温时发现 35kV 母线 B 相避雷异常发热（见图 1），A、C 两相温度相差不大，B 相避雷器与正常相 A 相避雷器（见图 2）最高温度相差近 6K（见表 2），判断该 B 相避雷器发热为危急缺陷，随即汇报后将 35kV 母线立即停电。

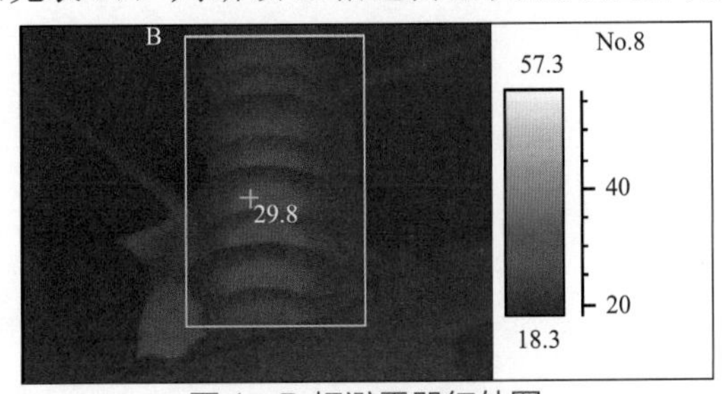

图 1　B 相避雷器红外图

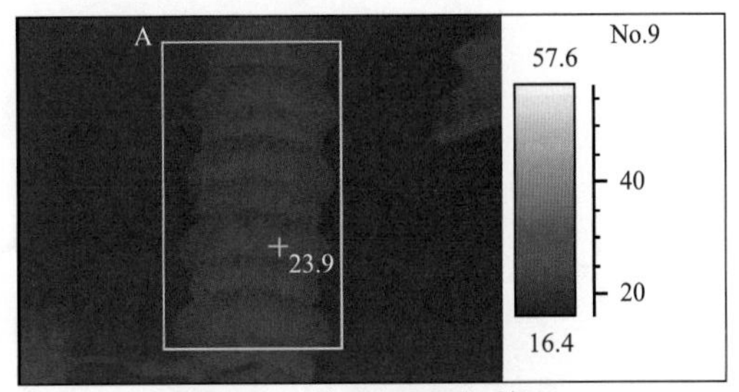

图 2　A 相避雷器红外图

表 2　　35kV 母线相避雷器红外检测数据

相别	环境温度（℃）	表面温度（℃）	正常相温度（℃）	相对温差（%）	温差（℃）	缺陷性质	备注
A	22	23.9	—	—	—		正常相
B	22	29.8	23.9	—	5.9	危急缺陷	
C	22	23.8	—	—	—		正常相

3.2 停电试验与分析

6 月 17 日下午，在将 35kV 母线停电后，试验和检修人员赶往现场进行检查与试验。

经检查，除了三相避雷器伞裙有不同程度老化外无其他外观上的异常。对 35kV 母线避雷器进行 U_{1mA} 及 $I_{75\%U1mA}$ 测量，测试发现 A、C 两相避雷器直流试验数据正常，B 相避雷器在电压升至 31kV 时即发生击穿现象（见表 3）。

表 3　　35kV 母线避雷器停电试验数据

设备名称	设备相别	U_{1mA}（kV）	$I_{75\%U1mA}$（μA）	试验结论	备注
35kV 母线避雷器	A	76.2	9	合格	
	B	31.0	—	不合格	
	C	75.8	6	合格	

综合带电检测和停电检查情况，工作人员认为某变电站 35kV 母线 B 相避雷器阀片老化，导致阻性电流增加。电流中阻性分量急剧增加，会使阀片上的温度上升，造成避雷器内部过热。直流电压试验电压仅为 31kV，达不到要求值，进一步验证了该避雷器上述缺陷的存在。若不及时发现，在运行过程中该避雷器内部发热现象会致使阀片劣化表现得愈加强烈，最终发生事故。

4 监督意见

雷雨季节前后应加强避雷器的红外测温与运行中持续电流带电检测工作，可以灵敏地发现由于阀片老化或受潮引起的缺陷。

第9章 其他变电设备

案例58 500kV断路器端子箱二次接地铜排接线错误导致断路器端子箱内接地铜排至箱体之间软铜线发热

监督专业：电气设备性能　　监督手段：带电检测
监督阶段：运维检修　　问题来源：工程设计

1 监督依据

《国家电网公司十八项电网重大反事故措施（修订版）》（国家电网生〔2012〕352号）第15.7.3.8条规定，由开关场的变压器、断路器、隔离开关和电流、电压互感器等设备至开关场就地端子箱之间的二次电缆应经金属管从一次设备的接线盒（箱）引至电缆沟，并将金属管的上端与上述设备的底座和金属外壳良好焊接，下端就近与主接地网良好焊接。上述二次电缆的屏蔽层在就地端子箱处单端使用截面积不小于4mm^{2}多股铜质软导线可靠连接至等电位接地网的铜排上，在一次设备的接线盒（箱）处不接地。

2 案例简介

2017年3月6日，现场运维人员对某500kV变电站内500kV一、二次设备进行红外谱测，发现铜管线5041断路器端子箱（见表1）内一次设备接地连接线有异常发热情况，温度达到41.6℃。运维人员进行了前期的测量和初步分析，并将异常发热情况反馈供电公司运检部。

3月7日，检修人员到达现场，使用红外测温仪与钳形电流表对现场端子箱进行测试分析和试验验证，得出发热原因为端子箱内的接地铜排与箱体之间通过软铜线形成环流的初步结论。

3月10日，供电公司运检部、变电运维部门、变电检修中心、有关设计人员到达现场进行检查确认，分析原因，并提出解决方案。3月15日现场人员将站内不合规端子箱软连接线全部解除，并在部分端子箱内加装绝缘子。

表1　5041断路器端子箱基本信息

安装地点	某500kV变电站	运行编号	铜官线5041断路器端子箱
结构形式	金属箱体柜	产品型号	XJ－01
出厂日期	2007.12		

3 案例分析

3.1 现场检测

2017年3月6日，在对500kV设备区的五箱红外测温时，发现铜管线5041断路器端子箱内接地铜排至箱体之间软铜线（见图1）发热41.6℃，此时其他端子箱相同位置均与环境温度相差不大，为10.1℃（见图2）。表2为5041断路器端子箱现场红外检测结果。

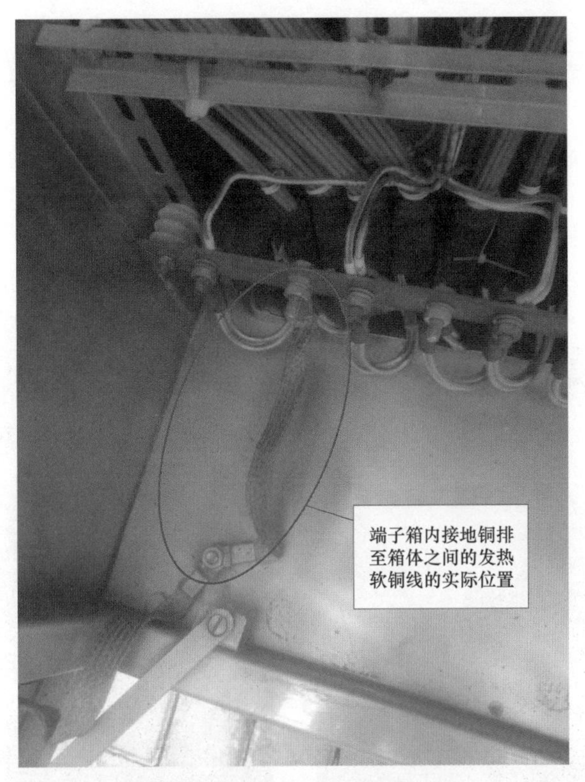

图 1　发热的软铜线的实际位置

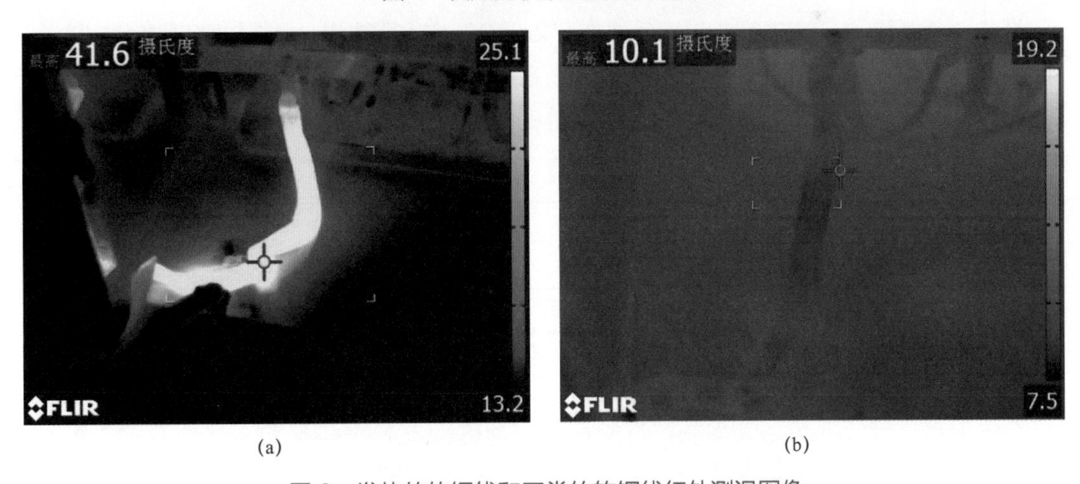

(a)　　(b)

图 2　发热的软铜线和正常的软铜线红外测温图像

（a）5041 断路器端子箱内接地软铜线发热；（b）其他端子箱同样位置的正常温度

表 2　5041 断路器端子箱现场红外检测结果

检测时间	2017.3.6　18:00	温度	10℃	湿度	60%	天气	晴
检测仪器	FLIR T630	检测位置	5041 断路器端子箱内接地铜排至箱体之间软铜线				
检测结果	41.6℃	相对温差	99.68%	绝对温差	31.5℃		

用万用表对发热软铜线的两端电压进行测量，结果为 1～2V，对不发热端子箱的同样

位置进行电压测量，结果显示电压相差不大，也为1～2V。

用钳形电流表对该发热软铜线进行电流测试，发现该处电流为84.3A，其他正常点的电流均为0。经过对与该导线相连的所有回路电流进行测试发现，该电流与二次屏蔽层接地铜排的电流相差不大，故电流可能来自二次屏蔽层接地铜排。表3为5041开关端子箱现场钳形电流表检测结果。分别测量端子箱内接地铜排至箱体之间软铜线的电流和至电缆沟内二次屏蔽层接地铜排如图3所示。

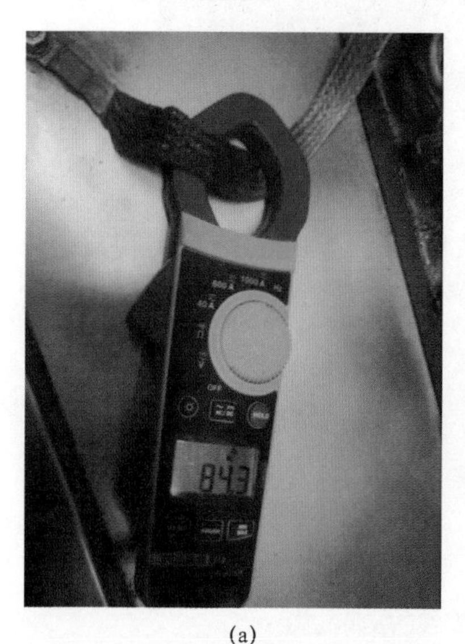

(a)

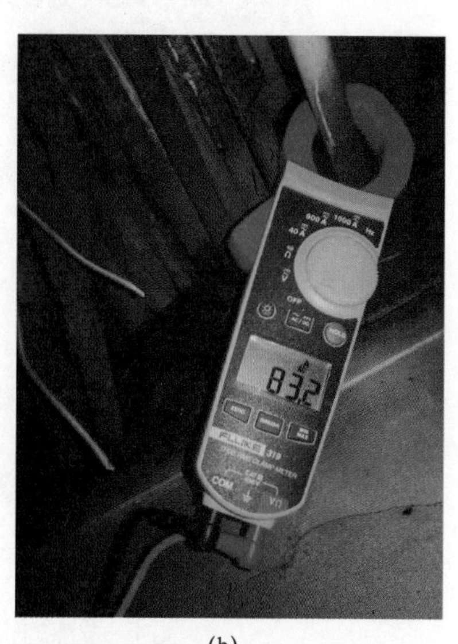

(b)

图3　分别测量端子箱内接地铜排至箱体之间软铜线的电流和至电缆沟内二次屏蔽层接地铜排

（a）接地铜排至箱体之间软铜线的电流；（b）二次屏蔽层接地铜排的电流

表3　　5041断路器端子箱现场钳形电流表检测结果

<table>
<tr><td>检测时间</td><td>2017.3.6　19:00</td><td>温度</td><td>10℃</td><td>湿度</td><td>60%</td><td>天气</td><td>晴</td></tr>
<tr><td>检测仪器</td><td colspan="7">FLUCK 335</td></tr>
<tr><td colspan="4">检测位置</td><td colspan="4">电流值（A）</td></tr>
<tr><td colspan="4">5041断路器端子箱内接地铜排至箱体之间软铜线</td><td colspan="4">84.3</td></tr>
<tr><td colspan="4">5041断路器端子箱内接地铜排电缆沟内二次屏蔽层接地铜排</td><td colspan="4">83.2</td></tr>
</table>

3月7日，检修人员达到现场，首先使用钳形电流表对500kV设备区所有端子箱内的接地铜排至箱体之间的软铜线（类型Ⅰ）、接地铜排至接地网之间的硬铜线（类型Ⅱ）进行测量，其部分测量结果如表4所示。

表4　　各端子箱内电流测量值

<table>
<tr><td>端子箱编号</td><td>类型</td><td>电流值（A）</td><td>备注</td></tr>
<tr><td rowspan="2">5021断路器端子箱</td><td>Ⅰ</td><td>3.3</td><td>正常</td></tr>
<tr><td>Ⅱ</td><td>2.3</td><td>—</td></tr>
<tr><td rowspan="2">500kV Ⅰ母线电压互感器端子</td><td>Ⅰ</td><td>4.5</td><td>正常</td></tr>
<tr><td>Ⅱ</td><td>4.2</td><td>—</td></tr>
</table>

续表

端子箱编号	类型	电流值（A）	备注
500kV 某 5392 线电压互感器端子箱	Ⅰ	3.8	正常
	Ⅱ	3.9	—
5031 断路器 端子箱	Ⅰ	4.8	正常
	Ⅱ	5.1	—
5041 断路器 端子箱	Ⅰ	63.9	发热
	Ⅱ	62.7	—
500kV 铜管 5335 电流互感器端子箱	Ⅰ	5.6	正常
	Ⅱ	5.2	—
11 号检修电源箱	Ⅰ	27.2	发热
	Ⅱ	26.8	—
50511 隔离开关端子箱	Ⅰ	53.4	发热
	Ⅱ	53	—

对比检查结果发现，流过发热的软铜线的电流均明显偏大。检修人员分析可能是端子箱内的接地铜排与箱体之间通过软铜线形成环流，现场以 50511 隔离开关端子箱试验验证分析：

（1）记录 50511 隔离开关端子箱及其周边端子箱各处电流（类型Ⅰ和类型Ⅱ）。

（2）解除 50511 隔离开关端子箱内接地铜排至箱体之间软铜线（见图 4）。

（3）测量 50511 隔离开关端子箱内接地铜排至接地网之间的电流（见图 5），其值为 0.2A（之前为 53A）。

（4）测量 50511 隔离开关端子箱周边的各端子箱电流（类型Ⅰ和类型Ⅱ），发现均未出现明显变化，各数值变化幅度均未超过 1A。

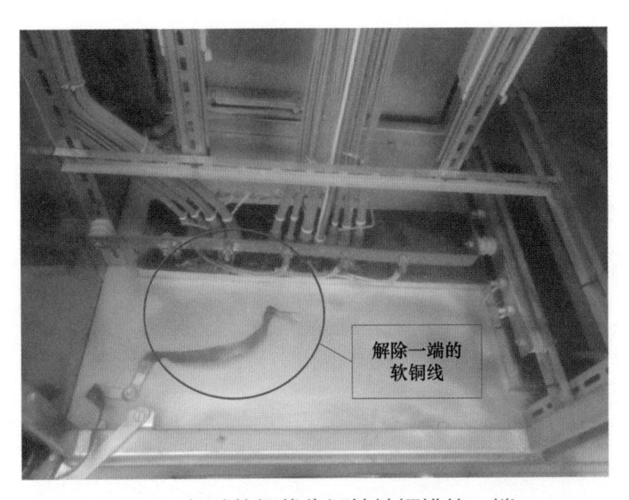

图 4 解除软铜线靠近接地铜排的一端

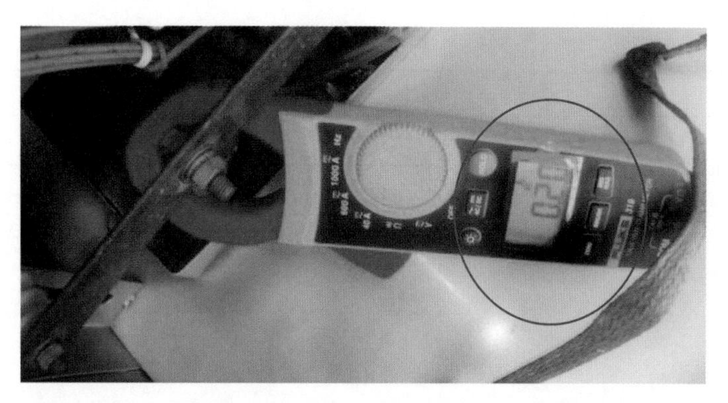

图 5　解除软铜线后接地铜排至接地网之间的电流

3.2　原因分析及处理

3 月 10 日，对该变电站全站端子箱软连接线发热情况进行了仔细的排查，现场认定端子箱内接地铜排至箱体之间软铜线出现异常发热现象，是由于其所处位置的二次等电位铜排与一次主接地网的电气距离过大，且处在强磁场环境中，产生一定的地电位差所致。当端子箱内部的软连接将两者相连时电阻很小，所以产生较大的电流。

该站土壤电阻率设计值为 300Ω/m，发生设备短路时，接触电势、跨步电势均超过允许值，站内在一期工程采用 302 根垂直接地极降低接地电阻。因此，站内接地网电位分布不均匀，靠近接地极处较低，远离接地极处较高，而端子箱的外壳接地与端子箱内二次屏蔽层接地铜排在主接地网中不是接于同一点，形成电位差。

经查阅竣工图样，一期工程（施工于 2008 年）在端子箱接地示意图中标注“端子箱外壳可与内部接地扁钢连通一点接地”，现场检查与图样相符。一期工程设计图样和施工过程中“将端子箱外壳与箱内二次屏蔽层接地铜排用软铜线连接”的接法，造成一次接地系统与二次接地系统多点混接，此种情况可能引起一次系统电流经屏蔽层入地而烧毁二次电缆。

故该案例发生的原因是二次回路图样设计违反要求，变电站一期工程投运前的图样审查阶段未发现隔离开关端子箱二次接地铜排接线设计错误。解决方案为现场将违反反事故措施条款及精益化细则的软连接线全部解除，将部分端子箱内二次屏蔽层接地铜排与箱体直接连接的加装绝缘子。

4　监督意见

新建、改扩建工程图纸审查阶段和设备验收阶段，应严格按照有关规程、规定、反事故措施要求和精益化评价细则开展图样审查及验收检查，把好投运前技术监督关口，防范设备二次回路带隐患投运。

案例 59　220kV 开关汇控箱接线端子在加热器上方导致连接线碳化

监督专业：电气设备设计　　监督手段：验收检查
监督阶段：设备运行　　　　问题来源：设备制造

1　监督依据

DL/T 782—2001《110kV 及以上送变电工程启动及竣工验收规程》第 4.2.5 条规定，所用加热装置应按设计要求安装实验完毕，并能正常使用。

《安徽电网智能变电站运行规范》第 20.1.1.3 条规定，加热器的接线端子不应在加热器上方。

2　案例简介

2015 年 5 月 16 日，运维人员打开某开关汇控箱门进行设备检查时，闻到汇控箱内有胶皮烤焦的味道，现场检查汇控箱内二次回路正常，端子排二次接线无异常味道，检查加热器时发现加热器的接线端子有焦黑色，退出加热器 24 小时后打开开关汇控箱，异味消失。

3　案例分析

3.1　现场试验

5 月 16 日，现场人员测试接线端子在加热器上方的两端电压发现无异常，同时测试加热器发热温度为 78℃，发热温度正常。运维人员测量接线端子与加热器平行位置的两端电压发现无异常，发热温度正常。测试图片如图 1 和图 2 所示。

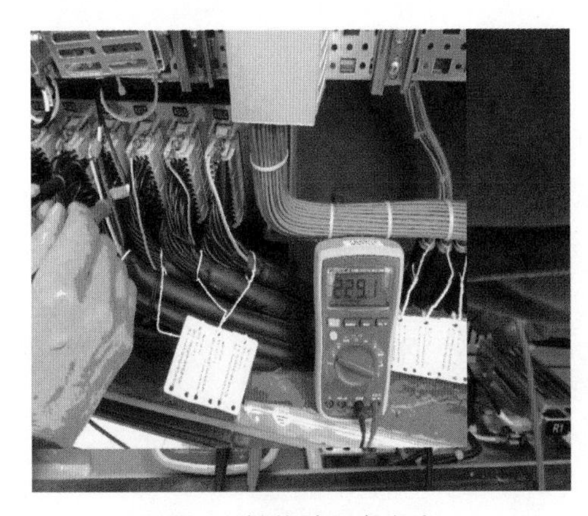

图 1　接线端子在上方

图 2　接线端子在侧面

对比测试结果如表 1 所示，由测试结果可知异常加热器二次回路正常，发热正常，加热装置运行正常。

表1　　现场测试结果

测试设备	接线端子位置	二次回路	测试电压（V）	发热温度（℃）
异常加热器	上方	正常	229.1	78
正常加热器	平行	正常	229.5	76

图3和图4为某220kV断路器汇控柜内所拍加热器照片，从图中可以看出加热电阻与该二次线连接处已被熏黑，导线与加热电阻连接处的固定塑料已碳化，且上端储能电源的出线也有部分被熏黑。该加热装置若继续运行有可能会引起二次线的短路或接地，不利于设备的正常运行。若断路器的储能电源被破坏，则可能会导致断路器无法储能。

图3　接线端子在加热器上方

F1LA、F1LB、F1LC—三相储能电源空气开关；

F2—照明及插座空气开关；F3—加热电阻空气开关

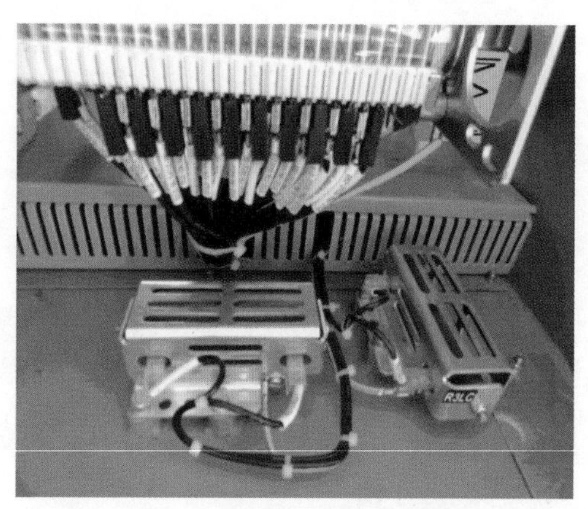

图4　接线端子在加热器侧面

该站220kV部分此次共投入8条运行线路，其线路开关汇控箱均存在以上问题。站内其他220kV开关汇控箱内接线端子在加热器的侧面的均匀性正常，无接线碳化问题发生，考虑以上情况，站内采取将异常加热器退出运行，并联系厂家处理。

3.2　厂方原因分析

厂方分析，引起此类问题的原因主要有以下几点：

（1）产品出厂试验。该加热器通过所有出厂试验（出厂试验报告核查没问题），均合格，该问题系布局不合理，加热器处在储能电源空气开关及二次走线中间，且没有预留足够的安全距离。

（2）加热电阻功率太大，在如此狭小的空间内，宜取用更小的加热电阻，厂家应对加热电阻的功率大小及发热后对周围的影响做出测试并合理调整。

（3）加热器装设违反《安徽电网智能变电站运行规范》第20.1.1.3条加热器的接线端子不应在加热器上方的规定，导致加热器工作后，会对上部产生更多热量，但该加热电阻的进、出线均装设在上部，因此导致在投入加热电源后，连接端子受到加热器几乎最大温度的烘烤，加快了进、出线的老化及损毁，甚至在过热的情况下烧断导线。

生产厂家重新进行了加热器接线端子布局改造，将接线端子设置在加热器侧面，新改造的加热器如图 5 所示，同时生产厂家进行了加热器环境发热、二次回路检查，均正常。

图 5　开关汇控箱改造后的加热器

4　监督意见

站内所有加热器验收时，应严格按照设备验收规范开展各项检查和试验，把好投运前设备监督关口，严防设备带“病”投入运行。

案例 60　110kV 变电站绝缘子质量较差导致发热

监督专业：电气设备性能　　监督手段：检测试验
监督阶段：运维检修　　　　问题来源：设备制造

1　监督依据

DL/T 664—2016《带电设备红外诊断应用规范》中电压致热型设备缺陷诊断依据，DL/T 626—2015《劣化悬式绝缘子检测规程》。

2　案例简介

2017 年 2 月 21 日，运检专业人员按照年度计划安排，开展变电设备带电检测工作。在对某 110kV 变电站一次设备进行红外精确测温检测时发现该变电站内的所有绝缘子均存在不同程度发热现象，正常温度为 11℃，发热最大的达到 18.6℃，远远超过规程规定的不大于 1K 的规定，属于危急缺陷，影响变电站安全稳定运行。供电公司立即组织现场勘查，制订绝缘子及全站综合检修方案，并紧急采购物资，于 3 月 9 日完成全站 84 串悬垂串、耐张串绝缘子的更换工作。后经现场红外检测，新绝缘子运行正常。

3　案例分析

3.1　现场检测情况

2 月 21 日，专业人员在对示范区变开展红外检测工作中，发现全站绝缘子均有不同程度发热现象。根据 DL/T 664—2016《带电设备红外诊断应用规范》中对绝缘子的规定，相邻绝缘子温差很小，绝缘子温差大于 1K 可判定为严重缺陷或危急缺陷。由现场检测的红外图谱可知，该变电站内绝缘子的最大温差已达 7.6K，属危急缺陷。以下选取两串绝缘子作为示例，分别为该变电站内 110kV 708 断路器上部 C 相悬式绝缘子（见图 1）和 35kV 3512 隔离开关上部主变压器侧 B 相悬式绝缘子（见图 2）红外异常图谱。

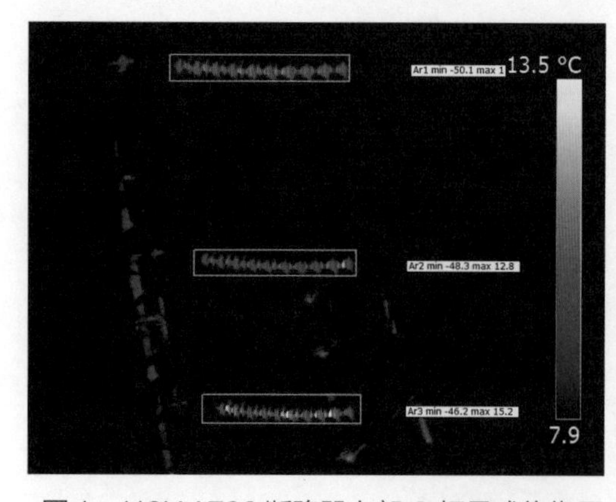

图 1　110kV 708 断路器上部 C 相悬式绝缘子

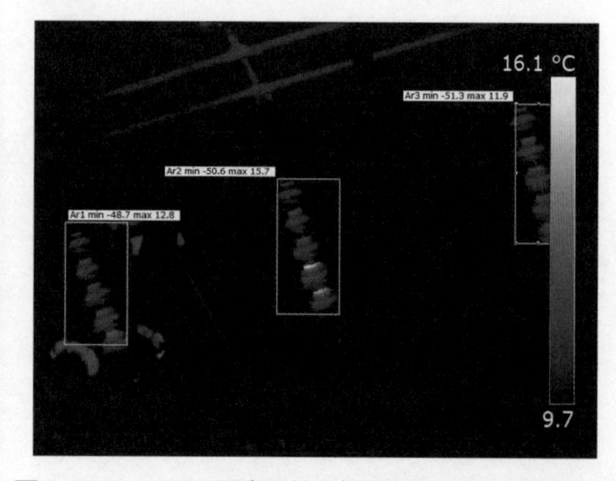

图 2　35kV 3512 隔离开关上部主变压器侧 B 相悬式绝缘子

从图谱看 708 断路器 C 相上部绝缘子发热情况较严重，至少有 3 片以上非常明显，温差最大达到 4.2K，其余均有不同情况的发热。

3512 隔离开关上部 B 相有两处很明显的发热，温差达到 4.7K，其余也均有不同程度发热。

3.2　处置经过

带电检测发现绝缘子缺陷后，经查阅资料得知，该变电站绝缘子由某公司生产，型号为 XWP2－70。结合近期发生的一起 220kV 线路跳闸情况，同样是由该公司生产，型号为 U70BP，且已经试验核定属于绝缘子质量问题造成绝缘子绝缘破坏，发生掉串跳闸。绝缘子试验报告中明确显示了绝缘子在机械拉力试验中，拉力在 60kN 时发生断裂（额定拉力 70kN），为不合格产品。

运检部随即下达技术监督预警单，要求市县公司对在建工程（含用户工程）使用绝缘子进行排查，暂停使用该公司生产的绝缘子，已购的绝缘子全部封存处理，并同步开展绝缘子排查，加强带电检测。

3.3　现场整改情况

运检部立即安排绝缘子采购，并对新绝缘子开展抽样检测，绝缘子外观、拉力试验、耐压试验均合格（见图 3）。

CMA
2015120102Z

检　验　报　告
TEST　REPORT

（2017）皖检 JQ字 第00435号

产品名称 Product Name：交流盘形悬式瓷绝缘子

受检单位 Inspected Body：国网安徽省电力公司六安供电公司物资供应中心

检验类别 Kind of Test：委托检验

安徽省产品质量监督检验研究院
Anhui Provincial Supervising & Testing Research Institute for Product Quality

安徽省产品质量监督检验研究院
检验报告附页

（2017）皖检 JQ字 第00435号　　共3页　第2页

序号	检验项目名称	技术要求	检验结果		单项判定
/	/	/	1#	2#	/
1	外观质量	允许瓷釉颜色色调有某些变化，因釉较薄而颜色较淡是允许的 瓷绝缘子件应覆盖一层光滑而发亮坚硬的釉，釉面应无裂纹，没有其他不利于良好运行的缺陷 总釉面缺陷面积不应超过140.8mm²，单个釉面缺陷面积不应超过90.8mm²，釉面缺陷包括缺釉点、釉面碰损、釉层杂质和针孔	符合 符合 符合 （均无釉面缺陷）	符合 符合 符合	合格
2	结构高度 P(mm)	146±4.7	147.5	149.0	合格
3	公称直径 D(mm)	255±11.7	263.2	265.0	合格
4	轴向偏移量（mm）	≤10.2（标称直径的4%）	3.6	3.7	合格
5	径向偏移量（mm）	≤7.6（标称直径的3%）	2.2	2.3	合格
6	锁紧销	见以下三项	见以下三项		合格
6.1	外观	锁紧销不应有任何有损于运行性能的缺陷	符合	符合	合格
6.2	锁紧状态检查	锁紧装置置于锁紧位置，然后施加与运行所能受到的类似的运动，绝缘子串或球头连接件不应有连接脱开	符合	符合	合格
6.3	锁紧销操作试验	使锁紧销处在锁紧位置，用一根截面尺寸为 F₁×T（24mm×7.9mm）矩形钢棒，沿轴线方向将负荷 F 施加在 W 形销的两个弧形端头上，负荷逐渐增大至 F_{max}=250N，锁紧销移动到连接位置，不应从窝里完全拉脱	符合	符合	合格
7	温度循环试验	带有固定金属附件的瓷绝缘子，应不经过中间容器，迅速而完全地浸入到温度比后面试验用的冷水温度高 70K 的热水中，并在此温度下保持一段时间 15min，然后取出试品，并且不经过中间容器而完全浸入到冷水中，并在此温度下保持时间 15min，这样的热冷循环应连续进行三次，转换时间不超过 30s，完成第三次循环后，绝缘子应没有裂纹	符合	符合	合格

图 3　新绝缘子抽检报告

3 月 7～9 日，分 3 个阶段安排停电更换新绝缘子，并结合停电同步开展全站设备综合检修工作（见图 4）。本次共计更换绝缘子 84 串，750 片。

3.4　变电站旧绝缘子检测情况

运检部随后对该变电站更换下来的绝缘子开展抽样检测，通过对其进行绝缘电阻和交流耐压试验，标准规定绝缘子绝缘电阻不低于 300MΩ，交流耐压为每片 60kV，1min 通过，无闪络、击穿、发热现象。但本次 2 串悬式绝缘子串中所有绝缘子片绝缘电阻均未达到标准值，且交流耐压均未达到 60kV 就击穿，部分伴有发热现象，具体的试验数据如表 1 和表 2 所示。

图4　现场更换绝缘子作业

表1　　110kV 708断路器上部绝缘子试验数据

设备名称	110kV 708断路器上部C相悬式绝缘子	设备型号	XWP2－70
生产厂家	×××	试验日期	2017.3.17
测试位置	绝缘电阻（MΩ）	击穿电压（kV）	备注
第1片	22.3	30	
第2片	108	52	
第3片	1.91	16	内部有明显放电，第二片下部有发热现象
第4片	9.19	26	
第5片	5.54	21	
第6片	157	56	
第7片	2.08	10	
第8片	19.7	43	
第9片	19.3	37	
第10片	1.05	7	内部有明显放电，9片上下均有发热现象

表2　　35kV 3512隔离开关上部主变压器侧B相悬式绝缘子试验数据

设备名称	35kV 3512隔离开关上部主变压器侧B相悬式绝缘子	设备型号	XWP2－70
生产厂家	×××	试验日期	2017.3.17
片数	绝缘电阻（MΩ）	击穿电压（kV）	备注
第1片	11.5	18	
第2片	1.39	6	第二片上部发热现象
第3片	1.15	8.9	
第4片	39.9	38	
第5片	15.2	32	

3.5　新绝缘子运行情况

3 月 17 日，新绝缘子运行一周后，专业人员对全站绝缘子进行红外检测，没有明显的局部发热现象，温度分布均匀（见图 5）。

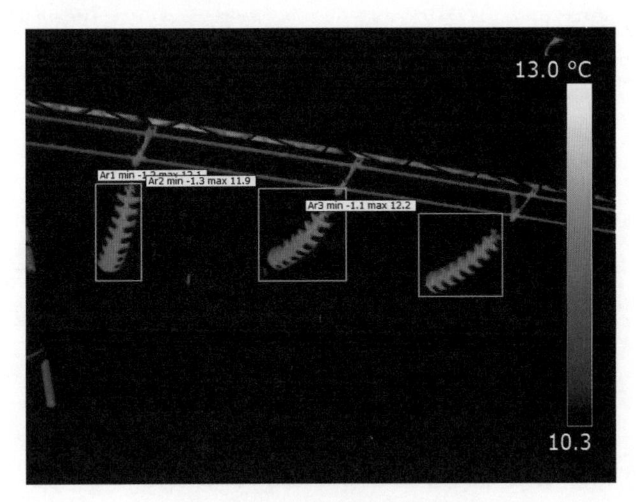

图 5　更换后绝缘子红外图谱

4　监督意见

（1）某公司生产的绝缘子由于存在绝缘电阻低值的绝缘子，易造成局部放电、局部发热和瓷件炸裂等问题。

（2）加强对在运绝缘子的排查，梳理绝缘子台账，适时开展带电检测和测零检测，及时更换零值、低值或发热绝缘子。

（3）加强绝缘子全过程技术监督工作，安装前开展验收检测，应逐个测量绝缘电阻，不满足 DL/T 626—2015《劣化悬式绝缘子检测规程》要求的绝缘子禁止使用；按照《绝缘子技术监督全过程精益化管理实施评价细则》要求，要查阅出厂合格证、制造厂的形式试验报告、技术文件级产品质量报告等文件，开展力学性能（拉伸负荷）、电气性能（耐压试验）、材料性能（如瓷件、玻璃件、复合材料、镀层、附件）、尺寸偏差（如绝缘配置、互换性）等项目抽检。

案例 61 110kV 变电站主变压器构架鸟窝隐患

监督专业：电气设备性能　　监督手段：定期巡视
监督阶段：设备运维　　问题来源：设备运行

1 监督依据

《国家电网公司变电运维管理规定（试行） 第 25 分册 构支架运维细则》中第 1.1.3 条规定，鸟类活动频繁的变电站，应在设备构支架合适的位置上安装必要的防鸟、驱鸟装置。

2 案例简介

2016 年 3 月 10 日，运检部人员在巡检变电站时发现某 110kV 变电站 2 号主变压器上方龙门架存在一处鸟窝（见图 1），形成隐患危及变压器运行安全。随后重复停电清除鸟窝，清扫变压器上部树枝，直至安装防鸟挡板后，鸟害才得以消除。

图 1 变电站主变压器构架鸟窝情况

3 案例分析

3.1 现场检修

2016 年 3 月 10 日巡检发现 2 号主变压器上方龙门架存在一处鸟窝，形成隐患危及变压器运行安全（见图 2）。变电运检室进行带电处理鸟窝，加装了风车型驱鸟器。3 月 22 日巡检该变电站时，再次发现 2 号主变压器龙门架处的鸟窝，且鸟窝尺寸较大，3 月 23 日 2 号主变压器转检修，工作人员赶到现场之后，发现一只灰黑色的大喜鹊还在继续筑巢，附近风车型驱鸟器对其无影响。主变压器的本体上部存在大量树枝。现场人员清理了龙门架上的大型鸟窝，拆除和清扫了主变压器本体上部周围的树枝（见图 3)。同时观察到 1 号主变压器上方龙门架已经有少量树枝，1 号主变压器本体上部也存在较多树枝。3 月 25 日，1 号主变压器转检修，检修人员现场对 1 号主变压器上部龙门架及 1 号主变压器本体进行树枝清扫工作，再次发现灰黑色喜鹊在 2 号主变压器构架重新开始进行筑巢。3 月 31 日，1 号主变压器构架再次发现成形鸟窝。4 月 7 日，工作人员对 110kV 变电站所有主变压器龙门架及出线龙门架安装了全封闭隔离挡板（见图 4)，鸟害消除。

图 2　鸟害危害

图 3　鸟害处理

图 4　变电站防鸟挡板安装

3.2　原因分析

随着环境的优化及动物保护措施的落实，变电站内的鸟害近年呈现逐步上升的态势。该变电站地处北方，以往采用发现即消除的检修策略，但在该变电站却出现反复停电消除鸟害的问题，所以建议每年春秋季逐站开展鸟害隐患排查，对于所有存在鸟害隐患的变电站龙门架加装全封闭隔离挡板。

4　监督意见

变电站设备在运维阶段时，应定期开展设备巡视及专业特巡，做好设备运维工作，提高设备本质安全。

案例62 35kV穿墙套管内部屏蔽线断裂导致内部发热

监督专业：绝缘监督　　监督手段：状态检测

监督阶段：设备运维　　问题来源：设备质量

1 监督依据

DL/T 664—2016《带电设备红外诊断应用规范》附录B　电压致热型设备缺陷诊断判据规定，温差超过2～3K，为电压致热型缺陷。

《安徽省电力公司输变电设备带电检测试验规程》规定，开关柜超声波局部放电检测数值大于15dB判定为缺陷。

2 案例简介

2016年12月18日运检部检测人员对某110kV变电站35kV开关室设备（见表1）进行红外热成像检测。检测中发现35kV某线512A相穿墙套管（见图1）存在局部发热现象。更换穿墙套管，试验合格后送电。

表1　　开关柜铭牌信息

安装地点	110kV某变电站	运行编号	35kV某线512 A相穿墙套管
产品型号	CWWL－35/630	出厂日期	2006.1

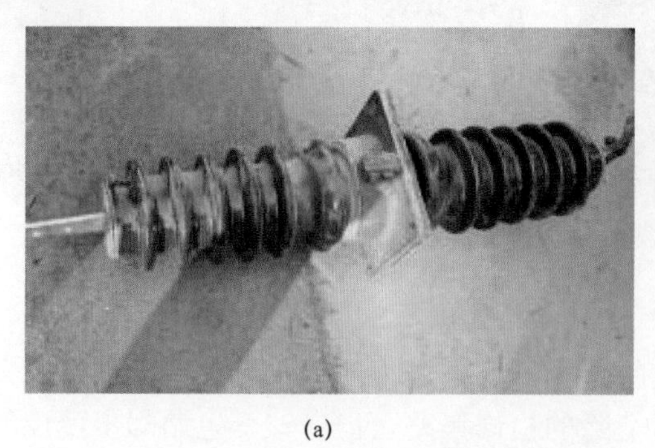

(a)

(b)

图1　35kV穿墙套管外观图

（a）单相；（b）三相

3 案例分析

3.1 现场试验

2016年12月18日上午9时，对110kV某变电站35kV开关室设备进行红外热成像检测。检测中发现35kV某线512A相穿墙套管存在局部发热现象（见图2），同部位A、B相温差为7.1℃。使用开关柜局部放电检测仪检测在某线512穿墙套管下方进行超声波局部放电检测（见图 3），发现 A 相超声波局部放电检测数据值较大（见表 2），局部放电检测数据值最高为 21dB。

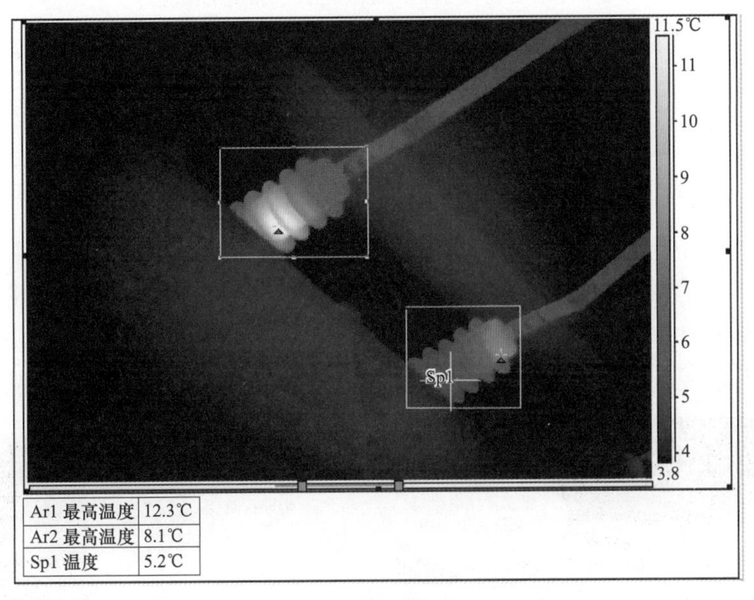

图 2　512A 相穿墙套管局部发热

图 3　512A 相穿墙套管局部放电检测

表 2　　35kV 某线 512A 相穿墙套管超声波试验

日期	检测环境	背景值（dB）		TEV 检测（dB）					超声波检测（dB）		分析
		超声波	TEV	前柜		后柜			前柜	后柜出线仓处	
				中	下	上	中	下			
2016.12.18	温度 9℃、湿度 52%	－4	—	—	—	—	—	—	—	A 相：21dB；B 相：4dB；C 相：2dB	缺陷

3.2　检修处理

2016 年 12 月 18 日，35kV 某线 512 断路器及线路转检修，工作许可后试验人员对 512 穿墙套管进行绝缘电阻检测及交流耐压试验（见表 3），检测中发现 512A 相穿墙套管绝缘较低，交流耐压为85kV，1min通过，随后检修人员对512穿墙套管进行更换。

表3　　35kV 512穿墙套管绝缘电阻及交流耐压试验

512穿墙套管	A相	B相	C相
绝缘电阻值（MΩ）	162	784	2600
交流耐压	85kV 1min	85kV 1min	85kV 1min

3.3　原因分析

2016年12月19日检修人员对拆下的512穿墙套管解体检查，套管导电铝排对比如图4所示，发现A相穿墙套管导电铝排上部屏蔽铜引线锈蚀断裂，A、B相穿墙套管铝排表面氧化，A相套管内部残留氧化物较多，在中部原屏蔽线接触位置，内部放电发热部位，氧化物较多，形成台阶状（见图5）。

图4　套管导电铝排对比

图5　套管内部氧化物

（1）A相穿墙套管导电铝排上部屏蔽铜引线锈蚀断裂，造成铝排与套管瓷套存在悬浮电位，形成间歇放电，导致A相套管发热12.3℃，在局部放电影响下使得穿墙套管绝缘材料劣化，绝缘性能下降。套管屏蔽线安装方向如图6所示。

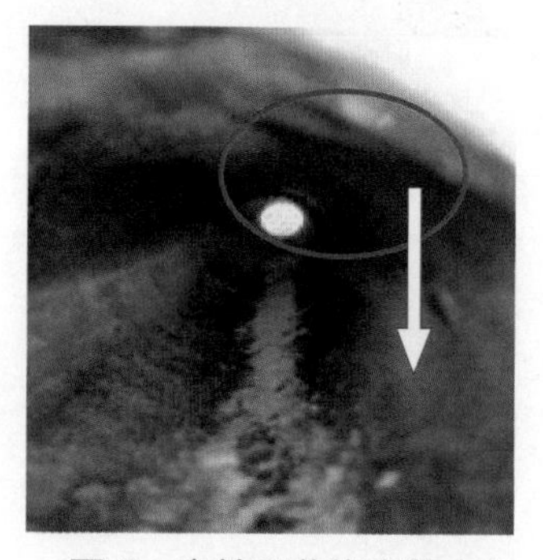

图6　套管屏蔽线安装方向

（2）该型穿墙套管防水能力较差，若套管安装角度不满足规范，内部会进雨水滞留，使得穿墙套管铝排表面氧化，套管内部残留氧化物较多。

（3）B相穿墙套管出线侧发热为8.1℃，判断为套管出线侧密封件（铝制）对套管绝缘子悬浮放电。套管疑似放电点如图 7 所示。

图 7　套管疑似放电点

（4）生产厂家装配穿墙套管铝排时对屏蔽线方向规范性不强，A、B 相穿墙套管屏蔽线指向不同，接触点位置应该存在差异。

4　监督意见

设备运行时，应定期开展设备特巡和带电检测，特别是对超声波、远红外的测试。此类带电测试能够有效发现设备内部放电等异常，确保设备本体安全稳定运行。

案例63 10kV绝缘管型母线内部放电导致温度异常升高

监督专业：电气设备性能　　监督手段：红外测试
监督阶段：运维检修　　问题来源：设备设计、制造

1 监督依据

DL/T 664—2016《带电设备红外诊断应用规范》的8.1表面温度判断法、8.2同类设备比较法、8.3图像特征判断法。

2 案例简介

2016年12月28日，运检人员对某运行220kV变电站进行红外测试时，发现1号主变压器低压侧母线桥绝缘管型母线（见表1）B相有一处异常发热，同时发现发热外护套有一鼓包。根据现场设备情况分析怀疑内部存在放电现象。

现场工作人员将缺陷情况反馈给运检部后，厂家相关技术人员到达现场进行检查，无法判断故障类型，建议停电检查。2月23日，工作人员解剖检查发现内部有放电点，并已形成一个深至距导体第二层聚四氟乙烯带处，径向的绝缘局部击穿孔洞，内部硅油沿孔洞已流至红色热缩绝缘层与黑色外护套之间。公司根据设备运行情况综合考虑后，决定将此绝缘管型母线更换为传统矩形母线。

表1　　绝缘管型母线基本信息

安装地点	某220kV变电站	运行编号	220kV 1号主变压器10kV侧母线桥
产品型号	TJM－12/4000	出厂日期	2013.8
额定电流	4000A	额定电压	12kV

3 案例分析

3.1 现场试验

2016年12月28日，试验人员在某220kV变电站进行迎峰度冬红外普测中发现220kV 1号主变压器10kV侧绝缘管型母线B相有一处异常发热，如图1所示。通过仔细观察，发现在特定角度，现场检查发现发热处外绝缘有一小鼓包，如图2所示。测试时环境温度为8℃，主变压器负荷为23MW，主变压器低压侧电流为308A，轻负荷。

发热点的位置不是接头，可排除是接触不良而导致的发热；管型母线外表面清洁无异物，可排除是外表面污垢引起的表面电场不均匀导致的发热；再结合外绝缘小鼓包（见图3）分析此类型发热可能是内部绝缘材料局部放电产生的温度传到外部所致，测试外表皮发热处温度为84.7℃，内部故障点温度还会更高，所以此故障属于严重缺陷。

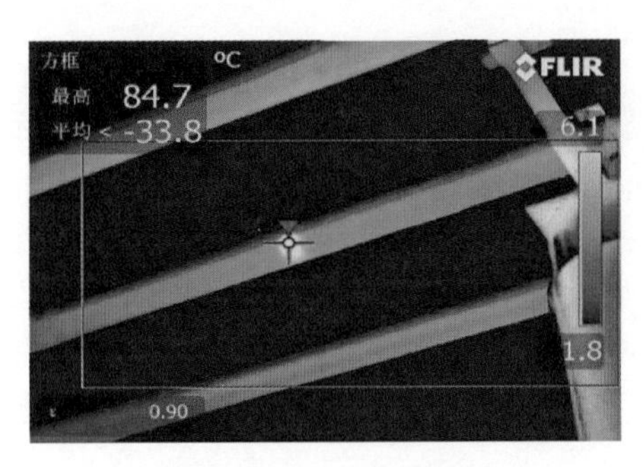

图 1　发热点红外图片

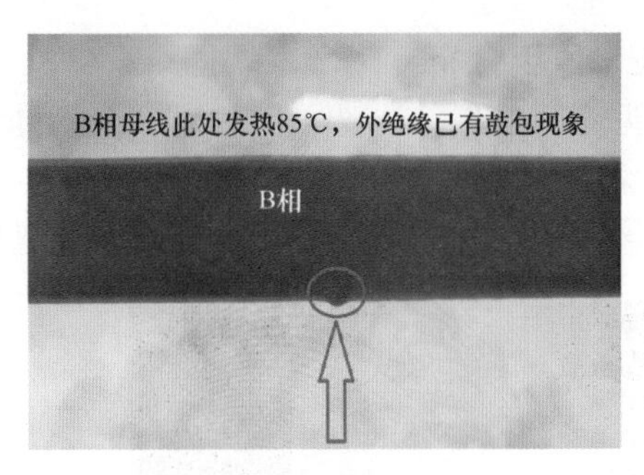

图 2　发热点鼓包图片

消缺需要 220kV 1 号主变压器停电，停电期间，试验人员多次现场复测，发热处温度基本稳定在 82～85℃。

2 月 22 日，安排停电处理，解剖检查发现红色热缩绝缘层表面有明显放电痕迹，并有沿径向的绝缘局部击穿孔洞（见图 4），深至距导体第二层聚四氟乙烯带处，内部硅油沿孔洞已流至红色热缩绝缘层与黑色外护套之间。

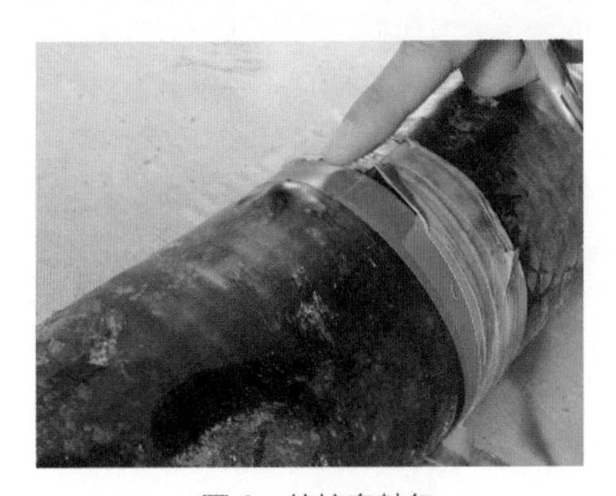

图 3　外护套鼓包

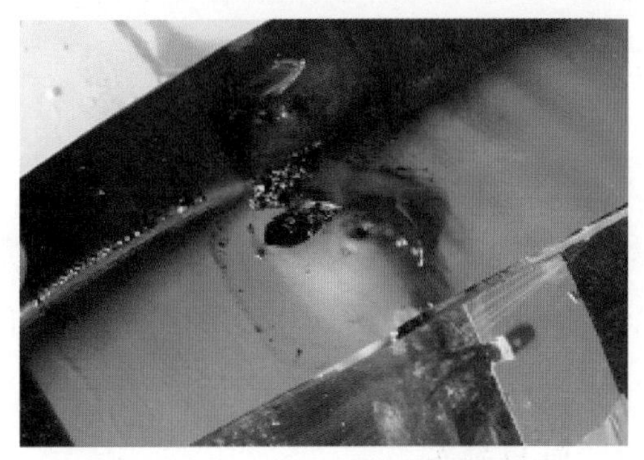

图 4　红色热缩套击穿孔洞

从径向击穿孔洞（见图 5）的直径来看，最大处位于红色绝缘层内部的聚四氟乙烯绕包和铝箔屏蔽层处（见图 6），随着向导体侧深入，直径渐渐变小，据此推测，放电应位于铝箔屏蔽处，向内逐渐烧蚀多层包绕的聚四氟乙烯绝缘层，向外放电产生的热量使外护套出现红色绝缘层鼓包，长时间后产生孔洞。

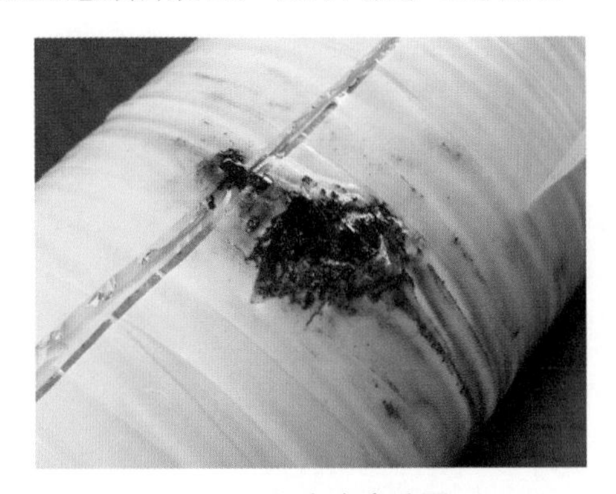

图 5　径向击穿孔洞

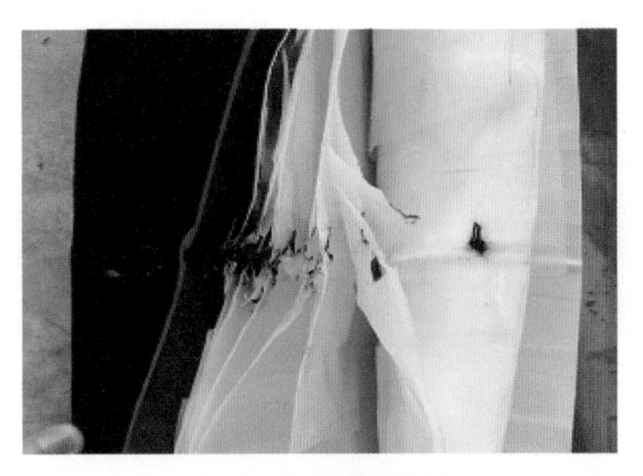

图 6　主绝缘击穿处

3.2 原因分析

根据查阅的相关资料，目前绝缘管型母线在国家和行业层面均没有相应技术标准，都是各厂家自行设计生产的。而此种聚四氟乙烯绕包绝缘管型母线在最外聚四氟乙烯带表面与铝箔屏蔽层之间应包绕均匀电位的半导电层，提高局部放电起始电压，但是此处并没有看到半导电层。另取一根管型母线剖开后依然没有看到半导电层（见图7），随后厂家告知此型号管型母线仅在接头等场强较大部位包绕了半导电层，其余部位均没有。

图7 管型母线剖开

分析认为，因缺乏半导电层，绝缘管型母线从金属管到铝箔接地之间的电位降低梯度会有一定的不均匀性，如果工艺到位、材质合格，绝缘足以承受这种不均匀电场造成的电位差，设备运行不会受到影响；但是若局部绝缘包绕疏松，层间存在空腔和间隙，或者受潮、绝缘有杂质等，绝缘内部电场不均匀程度增大，当薄弱部位分压超过其耐受水平，则运行中就会产生微小的局部放电，长时间后在该区域形成径向局部击穿通道，最终造成接地。因故障处解剖中未发现有异物，排除绝缘绕制过程中混入杂质可能，那么就可能是绝缘中有空隙或绝缘局部受潮，从图3～图5可以看出故障处在管型母线中部，远离接头，同时黑色外护套没有破损，认为受潮可能性不大。综合分析判断，该缺陷是由于故障处铝箔屏蔽层与聚四氟乙烯绝缘层间有空隙，改变了绝缘中电压分布，加上该处又没有包绕均匀电位的半导电层，运行中空气隙产生微小的局部放电，随着运行逐渐发展，最终形成径向孔洞。

4 监督意见

（1）在国家标准和行业标准尚未完善情况下，各生产厂家产品技术参数差异较大，应尽快建立统一的入网标准和技术规范，对生产厂家的产品设计进行要求和规范。

（2）在当前该类设备的应用还不十分成熟的背景下，须加强设备生产环节的驻场监督与试验见证，督促生产厂家坚决执行制造工艺，并严格把关上游原材料性能检测，确保绝缘管型母线的本质化安全水平。

（3）一线检测人员要利用好已有的技术手段，积极开展状态监测，有效掌握设备运行状态，发现异常多思考多分析，将问题消灭在故障前，提升绝缘管型母线的运行可靠性水平。

案例 64　10kV 单芯电缆两端接地导致电缆局部过热

监督专业：电气设备性能　　监督手段：带电检测
监督阶段：运维检修　　问题来源：设备运行

1　监督依据

DL/T 664—2016《带电设备红外诊断应用规范》第 8 条规定的判断方法。

Q/GDW 1168—2013《输变电设备状态检修试验规程》第 5.17.1.6 条规定，绝缘电阻与上次相比不应有显著下降，否则应做进一步分析，必要时进行诊断性试验。

《国家电网公司十八项电网重大反事故措施》（国家电网生〔2012〕352 号）第 13.1.1.7 条规定，电缆主绝缘、单芯电缆的金属屏蔽层、金属护层应有可靠地电压保护措施。

2　案例简介

2008 年 7 月 10 日，现场人员检查发现某 110kV 变电站 4 号 1044 电容器电缆（见表 1）A 相雨裙底部护套处，沿着接地辫有大片烧伤，剥开电缆发现铜屏蔽和钢铠接地辫氧化严重。检修人员将接地辫重新处理，然后用热溶胶将所有电缆护套接地辫引出处进行密封处理，对运行的 1044 电容器电缆进行红外测试，发现 1044 电容器电力电缆 A 相局部过热，且三相护套同部位出现不同程度的发热。工作人员将电容器所有户内电缆接地辫解除，红外测温数据正常。

表 1　　4 号 1044 电容器电缆基本信息

安装地点	某 110kV 变电站	运行编号	4 号 1044 电容器
产品型号	YJV32－8.7/10 1×300	出厂编号	200805148
出厂日期	2008.5.14		

3　案例分析

3.1　现场试验

2008 年 7 月 10 日上午某变电站进行 10kV 两组电容器组更换温度计时，现场人员检查发现 1044 电容器电缆 A 相雨裙底部护套处，沿着接地辫有大片烧伤。7 月 10 日现场人员下午对此相电缆进行处理，剥开发现铜屏蔽和钢铠接地辫氧化严重，已经烧毁，而且发现 1044 电容器 C 相和 1043 电容器电缆 A 相手套处也发现雨裙底部护套裂开。1044 电容器隔离开关及电缆全貌如图 1 所示；1044 电容器隔离开关 A 相电缆剥除后如图 2 所示。

当天检修人员将 1044 电容器电缆 A 相包裹接地辫的护套剪开，发现里面积水严重，试验人员对 1044 电容器电缆 A 相进行测试，电缆绝缘较好。检修人员将接地辫重新处理，然后用热溶胶将所有电缆护套接地辫引出处进行密封处理，使电缆绝缘良好。试验人员对运行的 1044 电容器电缆进行红外测试，发现 1044 电容器电力电缆 A 相局部过热，且三相护套同部位出现不同程度的发热。之后，工作人员将电容器所有户内电缆接地辫解除，效果明显，红外测温数据正常。

图1 1044 电容器隔离开关及电缆全貌

图2 1044 电容器隔离开关 A 相电缆剥除后

7 月 11 日 20 时 30 分，试验人员对 1044 电容器电缆进行红外测试，发现 1044 电容器电力电缆 A 相护套处在环境温度 32℃时最高温度 104.71℃，最低温度 93.19℃，发现处理效果不明显，三相护套同部位出现不同程度的发热，红外图谱及分析如图 3、图 4 和表 2、表 3 所示。7 月 12 日，对电缆进行处理，将电容器所有户内电缆接地辫解除，效果明显，在环境温度 32℃时最高温度 41.64℃，红外图谱及分析如图 5 和表 4 所示。

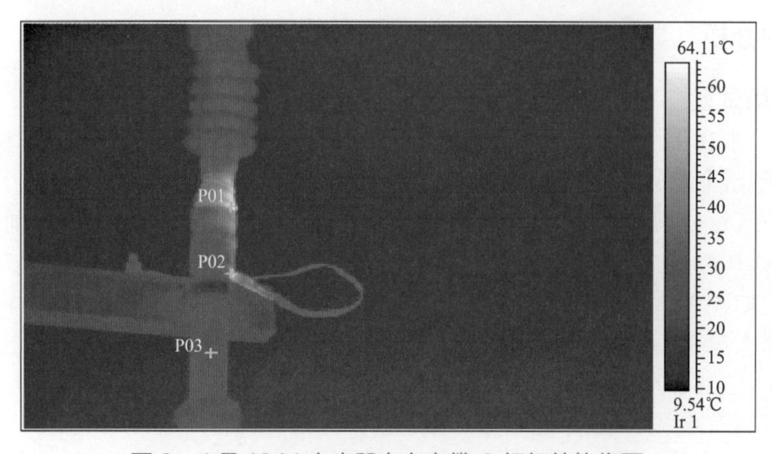

图3 4 号 1044 电容器电力电缆 C 相红外热像图

表 2　　4 号 1044 电容器电力电缆 C 相热像图分析表

热图信息	温度值	热图信息	温度值
最高温度	64.11℃	P01：温度	64.11℃
最低温度	29.94℃	P02：温度	62.42℃
		P03：温度	29.94℃

由图 3 和表 2 可知 4 号 1044 电容器电缆 C 相护套及接地辫引出处明显过热。

图 4　4 号 1044 电容器电力电缆 A 相红外热像图

表 3　　4 号 1044 电容器电力电缆 A 相热像图分析表

热图信息	温度值	热图信息	温度值
最高温度	104.71℃	P01：温度	104.12℃
最低温度	93.19℃	P02：温度	93.19℃
		P03：温度	60.52℃

由图 4 和表 3 可知 4 号 1044 电容器电缆 A 相护套明显过热。

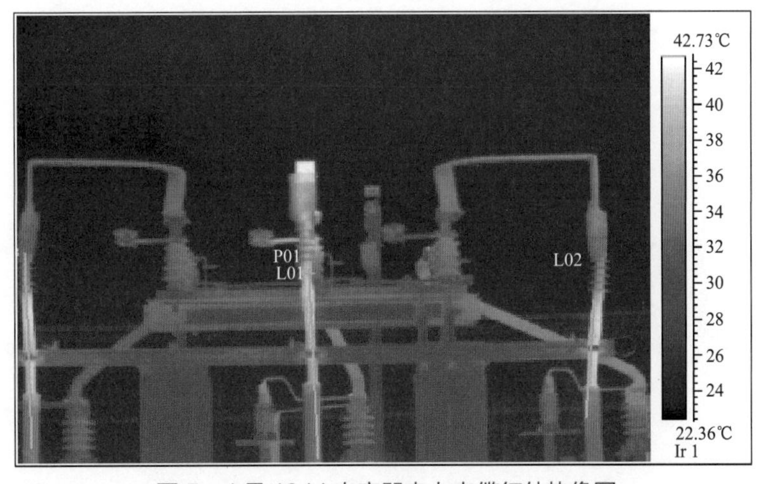

图 5　4 号 1044 电容器电力电缆红外热像图

表 4　　　　　　　　4 号 1044 电容器电力电缆 A 相热像图分析表

热图信息	温度值	热图信息	温度值
最高温度	41.64℃	L02：最高温度	39.94℃
最低温度	26.11℃	L02：最低温度	26.11℃
L01：最高温度	41.46℃	L03：最高温度	40.08℃
L01：最低温度	32.95℃	L03：最低温度	32.83℃

由图 5 和表 4 可知 4 号 1044 电容器电缆运行温度正常。

3.2　原因分析

（1）由于电容器电力电缆是大电流运行，运行电流都在 200A 以上，电缆屏蔽与钢铠接地两点接地后，大地与屏蔽和钢铠接地形成回路，由于交变电磁感应，在该回路中容易产生环流，经测试环流约为 100A，而且电缆是单芯的，会引起屏蔽和钢铠过热。三芯电缆不存在这种问题。

（2）接地辫用二次电缆热缩管包裹，容易积水，当发生过热时，在水的作用下更容易氧化，将接地辫氧化，使接地电阻变大。

4　监督意见

（1）单芯电缆接地应按照相应电缆运行规程，根据电缆长度采取对应的屏蔽接地方式，对两端直接接地的单芯电缆，运行中应测试接地线环流，避免过热。

（2）加强运行监控，特别是红外测温。

（3）对其他变电站单芯电缆两点接地的电缆应及时检查和处理。

案例 65　10kV 电缆老化导致两相短路接地故障

监督专业：电气设备性能　　监督手段：诊断试验

监督阶段：运行阶段　　问题来源：设备运行

1　监督依据

Q/GDW 1168—2013《输变电设备状态检修试验规程》第 5.17.1.6 条规定，绝缘电阻与上次相比不应有显著下降，否则应做进一步分析，必要时进行诊断性试验。

2　案例简介

2008 年 7 月 17 日，35kV 某变电站苦白 373 线路雷击过电压跳闸，苦白 373B 相避雷器被炸毁。调度下令送某变电站的备用线路白云 117 电缆（见表 1）。但是，白云 117 电缆在试送后立即发生短路接地故障，保护装置显示短路电流 3000A 以上。苦白 373 线路在 B 相无避雷器状态下带电运行，此时，该变电站已经失去备用电源。一旦苦白 373 线路再次发生故障，该变电站将全站失电，形势十分严峻。

表 1　　白云 117 电缆基本信息

安装地点	某 35kV 变电站	运行编号	白云 117
产品型号	ZR－YJV22－8.7/10－3×50	出厂日期	1983.5.23

现场工作人员将缺陷情况反馈至运维检修部门，相关技术人员初步制订了消缺方案。7 月 18 日，修试工区组织工作人员立即上山查找故障。电气试验班对白云 117 电缆进行绝缘测试，数据显示 A、C 两相短路接地；之后使用万用表测量直流电阻，判定 A、C 两相的故障类型为低阻接地；之后通过低压脉冲法和直流电桥法进行了故障定位，最后通过高压脉冲试验找到了故障点，随即对故障进行处理，对处理后的电缆重新进行绝缘测试，测试结果良好，消缺结束。对白云 117 电缆的处理如下：

（1）步骤一（见图 1），工作人员发现故障电缆表面已经被击穿。

图 1　步骤一

（2）步骤二（见图 2），开剥故障电缆，A 相芯线已快全部被烧断，C 相有微弱断股。

图 2　步骤二

（3）步骤三（见图 3），对 C 相主绝缘进行重新处理，对 A 相进行开断后制作新的中间头。

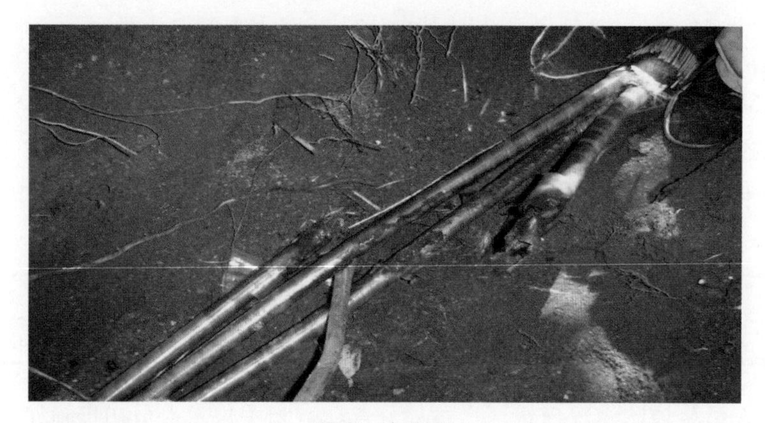

图 3　步骤三

3　案例分析

3.1　现场试验

（1）18 日上午，电气试验班对白云 117 电缆进行绝缘测试，数据显示 A、C 两相短路接地（见表 2）。但还不能确定 A、C 两相的接地点是在一起的。因为 A、C 两相也有可能通过电缆内部的屏蔽层短接。

表 2　对故障电缆进行绝缘测试

测量部位	试验电压（V）	绝缘电阻（MΩ）	测量部位	试验电压（V）	绝缘电阻（MΩ）
A 相对地	2500	0	A、C 相间	2500	0
B 相对地	2500	510	A、B 相间	2500	595
C 相对地	2500	0	B、C 相间	2500	542

（2）用万用表测得 A 相对地的直流电阻为 30Ω，C 相对地的直流电阻为 208Ω，B 相的对地直流电阻为无穷大，由此可以判定 A、C 两相的故障类型为低阻接地。

（3）用西安富博电子电器有限公司的 GYT－2000 型电缆故障探测仪进行低压脉冲试验，其基本原理是探测器发出的脉冲在缆芯中以一定的波速传播，当它到达一个阻抗变化点如接头、故障点或终端时，便发生反射。试验人员就是根据反射到示波器上的波形来判断电缆的总长、故障点等情况的。通过对 A、B、C 三相多次测量，测得电缆的总长为 4100m 左右。但在波形图上进行故障点分析判断上仍有一定的难度，其原因为：一是由于此电缆中间头较多，且存在多个绝缘薄弱点，因此脉冲波形信号衰减较严重，并出现若干个反射波形（绝缘薄弱点和故障点反射波），其中 3 个较严重的点分别在 978、1200m 和 1360m 处，初步断定为故障点可能所在点；二是在此设备测量的波形分析上实战经验仍旧缺乏。

（4）使用直流电桥法查找故障点。直流电桥法是查找电缆故障的一种经典方法，特别是对于低阻接地故障来讲尤为适用。其基本原理是基于电缆沿线均匀，电缆长度与缆芯电阻成正比的特点，根据惠斯登电桥原理，将电缆短路接地、故障点两侧的环线电阻引入直流电桥，测量其比值。由此获得测量端到故障点的距离。试验班首先多次在云谷寺侧进行测试。考虑到 C 相对地电阻相比 A 相大，取 A 相为测量相，B 相为参考相，与 B 相连接的固定电阻为 R_3，与 A 相连接的可调电阻为 R_4，计算的比值为 X（测量点到故障点的距离与总距离的比值），测量点到故障点的距离为 L。相关测量数据如表 3 和表 4 所示。

表 3　　从变电站对侧对 A 相故障点进行测量

R_3（Ω）	R_4（Ω）	X	L（m）
1000	180	0.305	1250
1000	164	0.281	1155
1000	172	0.293	1203

表 4　　从变电站侧对 A 相故障点进行测量

R_3（Ω）	R_4（Ω）	X	L（m）
1000	556	0.714	2930
1000	560	0.717	2943

从表 3 和表 4 中的数据可以看出从电缆两侧测量的数据吻合，取多次测量后的平均数 X 为 0.285，可以算出故障点距离云谷寺侧为 1168m。这与低压脉冲法所做的故障点范围也基本吻合，由此确定故障点在 1100～1200m 的位置上。

确定了故障的大致范围以后，工作人员开始对故障进行定点查找。查找用的是西安富博电子电器有限公司的定点仪，其原理是通过高压电容器充电到一定电压时，球间隙被击穿，电容器电压加在故障电缆上，使故障点与间隙之间击穿，产生火花放电，引起电磁波辐射和机械的音频振动。定点仪就是利用放电的机械效应，在地表用声波接收器探头拾取振波，根据振波强弱判定故障点。在查找了 3 天之后，工作人员依然没有找到故障点。从施工图样上看，在 1200m 处左右有一个中间接头，所以工作人员认为故障点可能就是那个中间接头，于是，工作人员一边根据图样对电缆中间接头的可能位置进行开挖，同时继续对电缆进行定点查找，终于在距离云谷寺约 1300m 处挖出一个中间接头，但此中间接头并不是原始的那个中间接头，并且从电缆表面看未发现任何放电痕迹。

为了提高电缆故障点定位的效率，减少盲目性，在高压脉冲放电的间歇期工作人员用绳子对电缆长度进行测量，从云谷寺站起点顺延电缆路径量至1200m处大致定点后，沿着1200m点进行上下延伸探测。同时，工作人员再次对电缆故障点进行复测，可能是高压脉冲放电后电缆的接地的放电通道被烧毁，用低压脉冲法进行试验时的波形和一开始相比较混乱，不过在1200m处依然有一个不明显的负向脉冲，再用直流电桥法进行反复测量，故障距离和先前所测相比依然吻合。在咨询厂家和查阅相关资料后，工作人员改对接地电阻相对高的C相进行高压脉冲试验。终于在第七天，工作人员在距离云谷寺约1100m处听到放电声，对地面进行开挖后，发现电缆表面已被击穿。对A相进行高压脉冲试验，在同一点也听到放电声，由此确定A、C两相接地点为同一处，从而找到了故障点。工作人员对故障电缆进行了处理，对处理后的电缆进行了绝缘测试（见表5）。

表5　对处理后电缆进行绝缘测试

测量部位	试验电压（V）	绝缘电阻（MΩ）	测量部位	试验电压（V）	绝缘电阻（MΩ）
A相对地	2500	896	A、C相间	2500	769
B相对地	2500	795	A、B相间	2500	780
C相对地	2500	798	B、C相间	2500	752

测试数据正常，至此，电缆查找处理工作结束。

3.2 原因分析

（1）电缆已经运行25年，其寿命已到，从低压脉冲波形图上看，整条电缆存在许多隐患。

（2）电缆处于风景区，电缆长，中间接头多，路径复杂，运行环境恶劣，湿度较大。电缆整体老化严重，电缆故障点查找难度大。

4 监督意见

（1）对于使用寿命已到的电缆存在很多的安全隐患，需要及时进行更换。

（2）对于低阻接地故障，直流电桥法的测试精度还是比较高的，有着其经典的一面。而低压脉冲法是根据波反射的行波测距来对电缆故障点进行定位的，有它科学、先进的一面。因此，在实战中，可以用多种方法进行测试，进行综合分析以更准确地确定故障点。

（3）在对故障电缆进行高压脉冲放电试验时，优先对接地电阻高的一相进行加压。因为接地电阻高其脉冲幅度大，放电声音也高。

案例 66　10kV 电缆严重老化导致两起短路故障相继发生

监督专业：电气设备性能　　监督手段：诊断试验
监督阶段：运行阶段　　问题来源：设备老化

1　监督依据

Q/GDW 1168—2013《输变电设备状态检修试验规程》第 5.17.1.6 条规定，绝缘电阻与上次相比不应有显著下降，否则应做进一步分析，必要时进行诊断性试验；第 5.17.1.7 条规定当外护套或内衬层的绝缘电阻（MΩ）与被测电缆长度（km）的乘积值小于 0.5h，应判断其是否已破损进水。

2　案例简介

2006 年 12 月 9 日，10kV 白云 117 线路电缆发生接地故障。工区于 2007 年 1 月 5 日进行 10kV 白云 117 电缆故障查找，选取线路两侧变电站两点对电缆故障进行查找。利用绝缘电阻测试判断电缆 B 相接地，直流电阻测试计算出电缆总长，通过低压脉冲大致计算出故障点距离。由于缺少电缆的走向资料，利用电缆故障仪器确定电缆路径后，用长度测量并在可疑的地点小范围开挖，用高压脉冲定点查找。最终发现电缆故障点位于电缆的最下方，其绝缘层（包括铜屏蔽）有 15cm 全部烧化，内部铜芯被烧断若干股，相邻一相绝缘临近击穿，另一相绝缘层良好，铜屏蔽略微受损。

处理后试验通过标准并投入运行。但在 2007 年 1 月 25 日，10kV 白云 117 电缆在投运十几小时后又发生故障，反映为两相短路故障。1 月 26 日在某配电房对电缆进行试验数据测量，利用低压脉冲定点查找故障。此次故障点为某景区大门内中间接头，内部填充物已碳化，外圆筒裂开，在锯断打开中间接头后发现故障点只有一相，另一相故障点未知。

2 月 5 日在某变电站继续进行测量，在厂家技术人员帮助下确定故障点在某景点附近。故障点位于电缆的下方，外绝缘没有损坏现象，打开后发现电缆芯绝缘有损坏、电缆芯有断股，如图 1 所示。故障处理后通过核相及串联谐振试验，电缆重新投入运行。

图 1　电缆故障点

3 案例分析

3.1 现场试验

3.1.1 2006 年底单相接地故障

2007 年 1 月 5 日进行 10kV 白云 117 电缆故障查找，在某配电房对 10kV 白云 117 电缆进行试验数据测试，其试验数据如表 1 所示。

表 1　　绝缘电阻（数显绝缘电阻表 1000～10 000V，2007 年 1 月 5 日）

相别	试验电压（V）	试验时间（s）	绝缘电阻（MΩ）
A	5000	60	1767
B	5000	0	0
C	5000	60	4597.76

通过以上试验数据判断电缆 B 相接地（万用表测量 B 相接地电阻为 0.014Ω）。继而通过直流电阻试验计算出电缆总长约为 3880m（电缆截面面积为 $95mm^2$）。B 相经过低压脉冲多次反复测量，估测故障点离该变电站约 236m。

图 2　处理后的电缆

2007 年 1 月 8 日在某变电站对电缆进行试验数据测量，B 相经过低压脉冲多次反复测量，估测故障点离该变电站约 3801m。

综上，故障点离该变电站 236m。利用电缆故障仪器确定电缆路径后，用长度测量并在可疑的地点小范围开挖。用高压脉冲定点查找，经过波形分析故障点离该变电站 230m，最终发现电缆故障点。2007 年 1 月 19 日经过处理后的电缆如图 2 所示。

经过处理后的电缆试验数据如下：

（1）电缆交流串联谐振试验前绝缘电阻（数显绝缘电阻表 1000～10 000V）如表 2 所示。

表 2　　绝缘电阻（电缆交流串联谐振试验前）

相别	试验电压（V）	试验时间（s）	绝缘电阻（MΩ）
A	5000	60	1198
B	5000	60	1822
C	5000	60	2355.2

（2）电缆交流串联谐振试验：输变电部要求试验电压为 7.4kV，试验时间为 60s，没有异常现象发生，试验通过。

（3）电缆交流串联谐振试验后绝缘电阻（数显绝缘电阻表 1000～10 000V）如表 3 所示。

表 3　绝缘电阻（电缆交流串联谐振试验后）

相别	试验电压（V）	试验时间（s）	绝缘电阻（MΩ）
A	5000	60	975
B	5000	60	1583
C	5000	60	2088.96

3.1.2　2007 年初两相短路故障

2007 年 1 月 25 日 10kV 白云 117 电缆在投运十几小时后又发生故障，反映为两相短路故障，2007 年 1 月 26 日在某配电房对电缆进行试验数据测量，其试验数据如表 4 所示。

表 4　绝缘电阻（2007 年 1 月 26 日）

相别	试验电压（V）	试验时间（s）	绝缘电阻（MΩ）
A	2500	0	0
B	2500	0	0
C	2500	60	2744.32

通过低压脉冲测得 A 相试验数据，多次测量取平均值后得出故障点离某变电站 425～427m；对 B 相试验数据多次测量取平均值后得出故障点离该变电站 421～425m。然后用高压脉冲定点查找并发现其中一相故障点。2007 年 2 月 5 日在某变电站测量电缆绝缘电阻，数据如表 5 所示。

表 5　绝缘电阻（2007 年 2 月 5 日）

<table>
<tr><td rowspan="3">A 相</td><td>试验电压（V）</td><td>1000</td><td>2500</td><td>5000</td></tr>
<tr><td>试验时间（s）</td><td>3</td><td>3</td><td>3</td></tr>
<tr><td>绝缘电阻（MΩ）</td><td>0</td><td>0</td><td>0</td></tr>
<tr><td rowspan="3">B 相</td><td>试验电压（V）</td><td>1000</td><td>2500</td><td>5000</td></tr>
<tr><td>试验时间（s）</td><td>60</td><td>60</td><td>60</td></tr>
<tr><td>绝缘电阻（MΩ）</td><td>771</td><td>624</td><td>470</td></tr>
<tr><td rowspan="3">C 相</td><td>试验电压（V）</td><td>1000</td><td>2500</td><td>5000</td></tr>
<tr><td>试验时间（s）</td><td>60</td><td>60</td><td>60</td></tr>
<tr><td>绝缘电阻（MΩ）</td><td>3670</td><td>1900</td><td>1750</td></tr>
</table>

通过以上试验数据知道电缆 A 相接地。继续通过高压脉冲试验测量波形，经过波形的反复测试，最后将故障点确定在离某变电站 1255m 处。在厂家技术人员协助下找到故障点。

经过处理后电缆试验数据如下：

（1）电缆进行核相。

（2）电缆交流串联谐振试验前绝缘电阻（数显绝缘电阻表 1000～10 000V）如表 6 所示。

表6　　绝缘电阻（电缆交流串联谐振试验前，处理后）

相别	试验电压（V）	试验时间（s）	绝缘电阻（MΩ）
A	5000	60	1470
B	5000	60	603
C	5000	60	2100

（3）电缆交流串联谐振试验：（VFSR－90/54 上海思源）输变电部要求试验电压为 7.4kV，试验时间为 60s，没有异常现象发生，试验通过。

（4）电缆交流串联谐振试验后绝缘电阻（数显绝缘电阻表 1000～10 000V）如表 7 所示。

表7　　绝缘电阻（电缆交流串联谐振试验后，处理后）

相别	试验电压（V）	试验时间（s）	绝缘电阻（MΩ）
A	5000	60	280
B	5000	60	852
C	5000	60	2380

3.2　原因分析

（1）该电缆已运行 23 年，电缆寿命已到，电缆内层半导电为布体，易吸收水分，对于电缆内层绝缘侵蚀严重，建议更换。

（2）因该电缆中间接头太多，影响理论计算值，故用直流电阻测量数据换算电缆总长误差较大。

（3）电缆图样资料的不确定性给此次电缆故障查找增加了难度，故障点在图样上的距离是离该变电站 860m，而实测距离 1000m 左右（电缆路径不确定影响测量数据），故电缆故障点定点测量中应优先选择高压脉冲测量。

（4）高压脉冲试验时试验电压略低，定点较困难。若能提高试验电压，则较大的放电声音可为故障点定点提供帮助。

4　监督意见

电力电缆故障查找需要专业人员具备较高的理论和技术水平，故障点查找过程中注意结合多种试验方法进行判断。

案例 67　10kV 站用变压器匝间短路导致变比误差增大

监督专业：电气设备性能　　监督手段：例行试验
监督阶段：运维检修　　问题来源：设备制造

1　监督依据

Q/GDW 1168—2013《输变电设备状态检修试验规程》规定，若无中性点引出线，可测量各线端的电阻，然后换算到相绕组，要求在扣除原始差异之后，同一温度下各相绕组电阻的相互差异应在 2%（警示值）之内。

2　案例简介

110kV 某变电站 10kV 1 号站用变压器，型号为 SC9－80/10，绝缘介质为干式，出厂日期为 2006 年 12 月，出厂编号为 6121388，设备投运日期为 2007 年 6 月 28 日。

2015 年 11 月设备运维人员发现某变电站 10kV 1 号站用变压器 AC 相熔丝熔断，更换后 AC 相熔丝送电后立即熔断，随后立即通知专业检修试验人员进行检查及试验。

专业检修人员进行现场检查试验，分析试验数据得出造成直流电阻超标引起变比增大的原因为 C 相绕组内部存在匝间短路现象。

3　案例分析

3.1　现场试验

2015 年 11 月 13 日，检修及试验人员到现场进行检查试验工作，设备外观检查无异常，在试验中发现高压绕组直流电阻存在较大误差，本次试验数据如表 1 和表 2 所示。

表 1　　直流电阻数据

挡位	AB（mΩ）	BC（mΩ）	CA（mΩ）	误差（%）
1	18.231 88	18.239 22	16.953 42	7.220
2	17.783	17.795 59	16.530 77	7.282
3	17.332 03	17.338 32	17.125 42	1.233
4	16.991 18	17.003 76	16.033 65	5.817
5	16.546 5	16.558 03	15.566 94	6.109
根据相关规程将变压器三角形接线线间电阻到相绕组电阻进行对比				
挡位	A（mΩ）	B（mΩ）	C（mΩ）	误差（%）
1	27.982 27	28.006 51	24.316 45	13.785
2	27.292 41	27.334 02	23.703 93	13.903
3	26.098 05	26.117 23	25.483 39	2.447
4	25.957 74	25.998 51	23.190 09	11.212
5	25.302 32	25.339 82	22.475 8	11.751

表2　　变比误差

挡位	铭牌变比	AB/ab	BC/bc	CA/ca
1	27.5	0.055	−1.331	−1.084
2	26.875	0.052	−0.272	−0.138
3	26.25	0.061	−0.514	−0.347
4	25.625	0.070	0.804	0.835
5	25	0.764	0.684	0.080

3.2　原因分析

由于高压侧为三角形接线，需要将三角形接线线间电阻与相绕组电阻进行对比，换算后可明显看出C相绕组电阻明显低于AB相电阻，最大误差13.785%。

该设备于2007年验收投运，2007年验收试验的初始值如表3和表4所示。

表3　　直流电阻数据（2007年）

挡位	AB（mΩ）	BC（mΩ）	CA（mΩ）	误差（%）
1	18.607 83	18.607 83	18.638 55	0.165
2	18.157 23	18.157 23	18.187 95	0.169
3	17.716 87	17.716 87	17.757 83	0.231
4	17.276 51	17.276 51	17.307 23	0.178
5	16.836 14	16.836 14	16.866 87	0.182
根据规程将变压器三角形接线线间电阻到相绕组电阻进行对比				
挡位	A（mΩ）	B（mΩ）	C（mΩ）	误差（%）
1	27.896 38	27.896 39	27.988 66	0.330
2	27.220 48	27.220 48	27.312 75	0.339
3	26.554 83	26.554 82	26.677 9	0.463
4	25.899 41	25.899 4	25.991 67	0.356
5	25.238 84	25.238 86	25.331 14	0.365

表4　　变比误差（2007年）

挡位	铭牌变比	AB/ab	BC/bc	CA/ca
1	27.5	−0.21	−0.22	−0.20
2	26.875	−0.09	−0.11	−0.09
3	26.25	−0.02	−0.03	−0.01
4	25.625	0.02	0.04	0.03
5	25	0.05	0.06	0.08

按照相关规程规定，将本次数据与初始值进行对比。

3.2.1　直流电阻相间互差［不大于2%（警示值）］

相间互差在扣除原始差异之后，同一温度下各相绕组电阻的相互差异最大达13.455%，严重超标（标准不大于 2%），对比数据如表 5 所示。

表 5　直流电阻相间互差　（%）

挡位	本次最大误差	初始值最大误差	相间互差
1	13.785	0.330	13.455
2	13.903	0.339	13.564
3	2.447	0.463	1.984
4	11.212	0.356	10.856
5	11.751	0.365	11.386

3.2.2　直流电阻同相初值差［不超过±2%（警示值）］

相关规程规定在同一温度下，各相电阻的初值差不超过±2%（警示值），本次测试 C 相与初始值相比严重超标，最大为－13.213%，具体对比数据如表 6 所示。

表 6　直流电阻同相初值差　（%）

挡位	A 相	B 相	C 相
1	0.307 89	0.394 77	－13.12
2	0.264 25	0.417 1	－13.213
3	－1.720 1	－1.647 9	－4.477 5
4	0.225 22	0.382 68	－10.779
5	0.251 52	0.400 04	－11.272

3.2.3　变比误差

变比误差与初始值相比有明显变化，初始值与额定变比相比几乎无明显差异，最大为－0.22%，而本次最大误差为－1.331%，且增长均与 C 相有关。

综上所述，分析造成直流电阻超标的变比增大原因为 C 相绕组内部存在匝间短路现象。

4　监督意见

站用变压器投运前，尤其要重视对站用变压器内部的检查，确保设备质量符合要求，运维阶段加强对设备的检查试验，存在此类问题且无法进行处理的，建议更换变压器。